AF294074

Horst Hachenberg
Konrad Beringer

**Die Headspace-Gaschromatographie
als Analysen- und Meßmethode**

Horst Hachenberg
Konrad Beringer

Die Headspace-Gaschromatographie als Analysen- und Meßmethode

ISBN-13:978-3-642-64853-3   e-ISBN-13:978-3-642-61483-5
DOI:10.1007/978-3-642-61483-5

Vorwort

Die vielfältigen Möglichkeiten der gaschromatographischen Dampfraummethoden sind nach Ansicht der Verfasser, insbesondere für die statische Methode, in praxi noch nicht ausgeschöpft.

Es wird daher im folgenden versucht, an Hand einiger erprobter Beispiele aus Analytik, Forschung und Verfahrenstechnik, diesen eleganten Analysen- und Messmethoden zu weiterer Ausbreitung zur verhelfen. Die Gerätschaften dafür sind auf dem Markt und warten auf weitere Anwendungen.

H. Hachenberg   Oktober 1995
K. Beringer

Inhaltsverzeichnis

Einleitung

Der Begriff „HEADSPACE GASCHROMATOGRAPHIE" (HSGC) im deutschen Sprachgebrauch auch als „Gaschromatographische Dampfraumanalyse" bezeichnet, fußt auf dem der sogenannten „HEADSPACE ANALYSIS" wie er Anfang der 60er Jahre von amerikanischen Autoren (1-4) zur analytischen Charakterisierung von Geruchs- und Aromastoffen im Kopfraum von Konservendosen benutzt wurde.

Auf dieser Basis, nämlich der Probennahme einer Dampfphase, die sich mit einer kondensierten flüssigen oder festen Phase in einem abgeschlossenen System im thermodynamischen Gleichgewicht befindet, hat sich im Laufe der Jahre eine sehr leistungsfähige analytische Methode entwickelt.

Diese spezielle Form der Gasanalyse, liesse sich natürlich auch mit jeder anderen dafür geeigneten Methode, wie z.B. MS-, IR, UV-Spektroskopie oder nasschemischen Verfahren durchführen.

Wegen der großen Überlegenheit der GC gegenüber allen anderen analytischen Verfahren zur Analyse flüchtiger Stoffgemische im Hinblick auf Trennleistung und Empfindlichkeit, der einfachen Handlichkeit und Automationsmöglichkeiten ergaben sich bisher alle Anwendungen – in praxi – fast ausschließlich in Verbindung mit der Gaschromatographie.

Im Gegensatz zur üblichen Gasanalytik jedoch, einer direkten Analysenmethode, handelt es sich hier um ein indirektes und partielles Analysenverfahren zur Bestimmung von flüchtigen Stoffen in flüssigen oder festen Proben über die Analyse der entsprechenden Dampfphasen.

Dieses Verfahren wird in der Analytik dann eingesetzt, wenn die üblichen direkten Methoden zur Bestimmung von flüchtigen Stoffen[*] in hochsiedenden, zersetzlichen oder nicht verdampfbaren Proben – insbesondere im Spurenbereich – nicht zufriedenstellende Ergebnisse liefern oder überhaupt ihren Dienst versagen.

Man denke z.B. an den analytischen Nachweis von Restlösungsmitteln in festen Chemikalien und Verpackungsmaterial sowie den von Restmonomeren und Geruchsstoffen in Kunststoffen und Kunststoffdispersionen oder an die Bestimmung von Aromabestandteilen in Nahrungs- und Genußmitteln. Hierhin gehören auch die durch üblich GC schwer zu behandelnde Spurenprobleme in wäßrigen Proben wie z.B. Trinkwasser, Abwasser, alkoholfreie und alkoholische Getränke und insbesondere die Blutalkoholanalyse, die dieser Methode zu ihrem eigentlichen Aufschwung verholfen hat (5).

---

[*] Unter flüchtigen Stoffen sind hierbei sowohl Dämpfe, d.h. Gasphasen, die sich in Berührung mit der festen oder flüssigen Phase des gleichen Stoffes befinden, zu verstehen, als auch in festen oder flüssigen Stoffen gelöste Gase, wie z.B. O_2, CO_2 etc.

Auch bei der Untersuchung von Geruchsproblemen ist diese Methode relativ praxisnahe. Die HSGC wird daher verschiedentlich auch als „gaschromatographische Nase" bezeichnet, was jedoch nur bedingt richtig ist, da die Spezifität der menschlichen Nase nicht mit der des verwendeten GC-Detektors übereinstimmen muß.

Die HSGC ist daher auch ein Spezialgebiet der GC-Spurenanalyse (6),(7) und wird in der Analytik fast ausschließlich in diesem Sinne verwendet. Die Vorteile der HSGC gegenüber der herkömmlichen analytischen Bearbeitung solcher Proben, wo langwierige Anreicherungsverfahren zur Aufkonzentrierung der Spurenbestandteile, wie Extraktion, Destillation, Wasserdampfdestillation etc. vorangehen müssen, liegen auf der Hand. Sie bestehen in dem geringen Arbeitsaufwand sowie in der Tatsache, daß keine Überlastung bzw. Verschmutzung der Trennsäule mit Wasser und hochsiedenden oder nichtflüchtigen Stoffen erfolgt, wie das bei der Direktdosierung der Fall sein kann. Durch die geringen Konzentrationen im Dampfraum und dadurch, daß nicht die gesamte Probe für die GC-Analyse verdampft werden muß, werden im allgemeinen bessere gaschromatographische Trennungen als bei der üblichen GC erreicht.

Gegenüber der üblichen GC können jedoch, im Hinblick auf die qualitative und quantitative Analyse, Probleme auftreten.

So sind, bedingt durch die geringen Konzentrationen im Dampfraum, Identifizierungen oft problematischer als in der üblichen GC, was die qualitative Aussage im Spurenbereich erschweren kann.

Während bei der klassischen GC dieses Problem oft durch Vergrößerung der Probemenge lösbar ist, bleibt es im Falle der statischen HSGC bei unbekannten Proben vielfach bei der Aufnahme von Vergleichsdiagrammen, sogenannten „Fingerprints".

Die Schwierigkeiten der quantitativen Auswertung beruhen grundsätzlich darauf, daß aus der Konzentrationsbestimmung im Dampfraum Rückschlüsse auf die Gehalte der zu bestimmenden Komponenten in der Probe zu ziehen sind. Dadurch bedingt treten, im Gegensatz zur klassischen GC, zusätzlich zu berücksichtigende Parameter auf.

Wie die Veröffentlichungen und Geräteentwicklungen zeigen, findet die HSGC eine immer breitere Anwendung, wobei auch auf der Basis altbekannter Anreicherungsverfahren – nämlich der Isolierung von flüchtigen Komponenten aus kondensierten Phasen mit einem strömenden Inertgas (Strippgas) – andere sogenannte Headspace-Techniken entstanden sind, die mit der vorhergenannten Definition der statischen HSGC zunächst nicht viel gemein zu haben scheinen.

Sie wurden in der Vergangenheit bezeichnet als Tenax-GC, Purge and trap, Sparge and trap, Manuelle Head-space-Analyse, DCI-Methode (desorption, concentration, introduction), Flaver isolation, Non-equilibrium head-space und Dynamic-headspace-preconcentration, u.a.m., was schon zeigt, daß von den einzelnen Autoren die Bezeichnung Headspace-Analyse als irreführend (8), zumindest als nicht korrekt empfunden und umgegangen wurde.

Nun ist nicht zu leugnen, daß auch diese Techniken quasi als indirekte Verfahren zur Erlangung analytischer Information zu bezeichnen sind.

Im ersten Fall, dem abgeschlossenen statischen System, in dem thermodynamisches Gleichgewicht herrscht, wird die Probe zur Analyse nach einem einmaligen Verteilungsschritt, d.h. nach einer einmaligen Gasextraktion genommen, wobei sich die Konzentration der zu analysierenden Stoffe nach der Gleichgewichtseinstellung nicht mehr verändert. Diese Methode wird daher als **statische HSGC** bezeichnet.

Im zweiten Fall, bei dem die kondensierten Phasen mit einem Gasstrom gestrippt werden, handelt es sich um eine kontinuierliche Gasextraktion der zu analysierenden flüchtigen Stoffe, also um ein dynamisches Verfahren. Dieses Verfahren, bei dem sich die Konzentration der eluierten Stoffe ständig mit der Zeit vermindert bis sie asymptotisch den Wert 0 erreicht, bezeichnet man als **dynamische HSGC**.

Beide Verfahren unterscheiden sich jedoch signifikant experimentell, nämlich durch die Art der Probenahme der Dampfphase, dem sogenannten „Head-Space-Sampling". Bei der statischen Methode resultiert die Analyse aus der direkten Probenahme aus dem Dampfraum, während bei der dynamischen Methode dieser Vorgang über einen Zwischenspeicher (trap) geschieht.

Daraus resultieren Vor- und Nachteile dieser beiden Methoden sowie deren spezielle Anwendungen und Verwendungen. So erlaubt insbesondere die statische Methode aufgrund ihrer klaren thermodynamischen Beziehungen sowie ihrer ausgereiften Instrumententechnik auch ein breites Feld nicht rein analytischer Anwendungen, die durch ihre Einfachheit und Schnelligkeit eine gute Hilfe in der Forschung und bei Verfahrensentwicklungen darstellen.

1 Die statische Methode

1.1 Experimentelles

Bei der statischen Methode bleibt die Handhabung der Probe auf das Dampfraumgefäß
beschränkt. Dafür eignet sich im Prinzip jedes verschlossene Gefäß, welches eine Probenah-
mestelle für die Dampfphase besitzt, wie Abb. 1 in einfachster Form demonstriert.

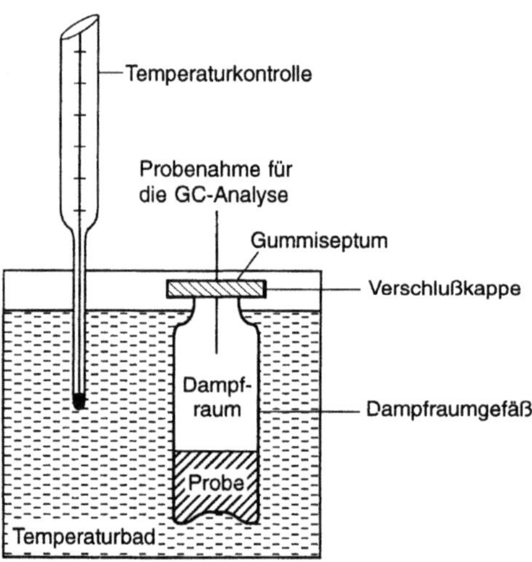

Abb. 1: Probehandhabung bei der statischen Methode

Probenahme und Probevorbereitung

Für den Transport der Proben in das analytische Labor müssen die Probeflaschen so gefüllt
sein, daß kein Gasraum vorhanden ist. Der Verschluß muß absolut dicht sein und sollte nicht
aus einem Kork- oder Gummistopfen bestehen. Am besten eignen sich Glasschliff-Flaschen.

Bei der Überführung der Probe in das eigentliche Dampfraumgefäß ist peinlichst darauf
zu achten, daß keine leichtflüchtigen Komponenten durch Verdampfung verloren gehen.
Einfaches Umfüllen ist, besonders bei kleinen Probemengen, nicht statthaft. Auch das

Umfüllen mit einer Spritze birgt, bedingt durch das Komprimieren und Expandieren des Kolbens, die Gefahr der Fraktionierung und Kondensation. Am besten eignet sich ein Heber, mit dem die Überführung der Probe in das Dampfraumgefäß vorgenommen wird.

Probedosierung

Die Dosierung der Probe erfolgt bei der statischen Methode grundsätzlich **direkt** aus dem Dampfraum auf die Trennsäule. Dieses sogenannte „Headspace-Sampling" kann mit **Überdruck** oder **Unterdruck** erfolgen. Die einfachste **Unterdruckdosierung** ist die mit einer Injektionsspritze von Hand. Die Fehlerquellen einer solchen Probegabe von Gasen und insbesondere von Dämpfen sind jedem Analytiker bekannt.

Die Dosierspritze muß vor allem absolut fettfrei und wärmer als die Dampfraumprobe sein (9). Nach der Probegabe muß eine sorgfältige Reinigung der Spritze durch Ausdampfen bei höherer Temperatur im Vakuum erfolgen. Der Gegendruck im Einspritzblock soll möglichst niedrig sein, um eine schnelle punktförmige Dosierung zu ermöglichen. Unter Berücksichtigung aller Vorsichtsmaßnahmen sind mit dieser Methode für ausreichend große Konzentrationen im Gasraum zwar schnelle Analysen durchführbar, die jedoch in quantitativer Hinsicht manchmal zu wünschen übrig lassen.

Eine besondere Technik der Spritzendosierung, wobei Fehler durch Druckunterschiede während der Probenahme weitgehend vermieden werden, zeigt Abb. 2 (10). Das Prinzip besteht darin, daß mit Hilfe der Spritze und dem Manometer α der Druck während der Probenahme reguliert und konstant gehalten werden kann. Dadurch sind Fraktionier- und Kondensationsvorgänge weitgehend kompensierbar.

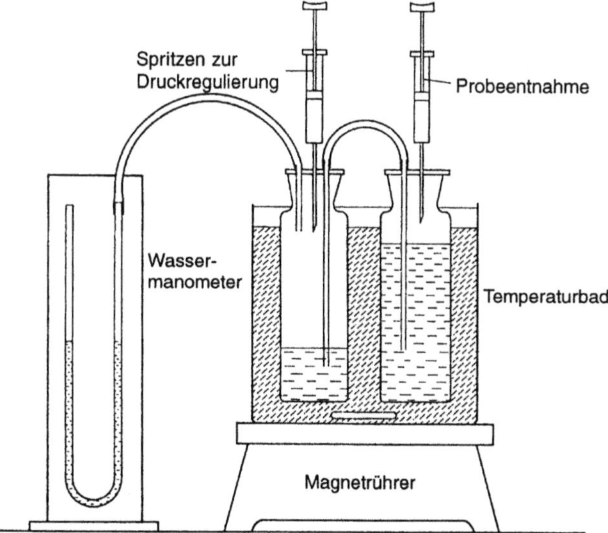

Abb. 2: Dosiervorrichtung zur Vermeidung von Fehlern durch Druckunterschiede (10) (nach P. RONKAINEN, Kem. Teallismus **26**, 215 [1969])

Eine einfache Anordnung der Unterdruckdosierung zur Analyse von Gasen in Flaschen-
bier zeigt Abb. 3 (11). Dabei erfolgt die Abmessung der gasförmigen Probemenge ohne
Spritze septumlos in eine Dosierschleife.

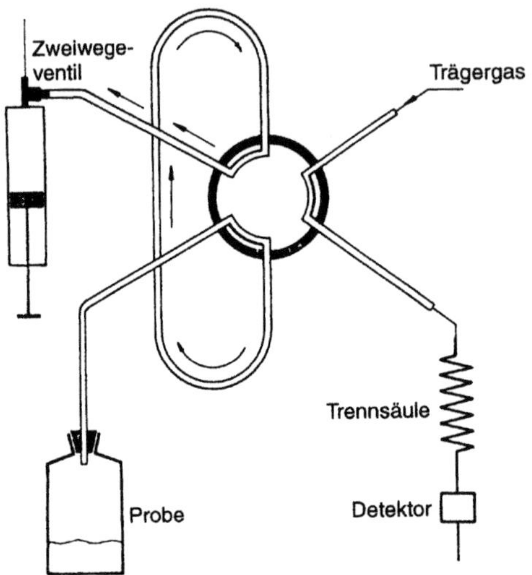

Abb. 3: Septumlose Anordnung zur Unterdruckdosierung von Gasen und Dämpfen.
(Nach ZENZ et al., Mitt. Vers. Anst. Gär. Gew. **22** 175 [1968])

Am Beispiel der Wasseranalyse (12) wurde diese Dosiermöglichkeit (Vakuum 0,067 hPa)
erprobt und gezeigt, daß sie in diesem Fall 10mal reproduzierbarer als die Spritzendosierung
ist.

Folgende Tabelle 1 zeigt die entsprechenden Versuchsergebnisse mit einer Lösung von
je 10 [μml/l] Aceton, n-Propanol und Chloroform in H_2O.

Tabelle 1: Vergleich der Spritzdosierung mit der Dosierschleife

Substanz	Injektionsspritze		Gasdosierventil	
	Peakfläche *	Wiederholbarkeit	Peakfläche *	Wiederholbarkeit
Aceton	0,964	0,0095	0,849	0,0009
Propanol-1	0,332	0,0011	0,372	0,0001
Chloroform	0,208	0,0025	0,171	0,0012

* Mittelwert aus 10 Dosierungen

Abb. 4 zeigt die Ventilanordnung mit 2 Probeschleifen, die abwechselnd mittels eines Vakuums von 0,067 hPa gefüllt werden können.

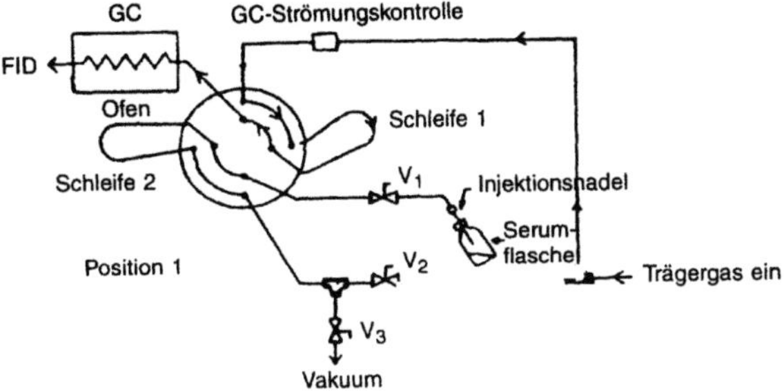

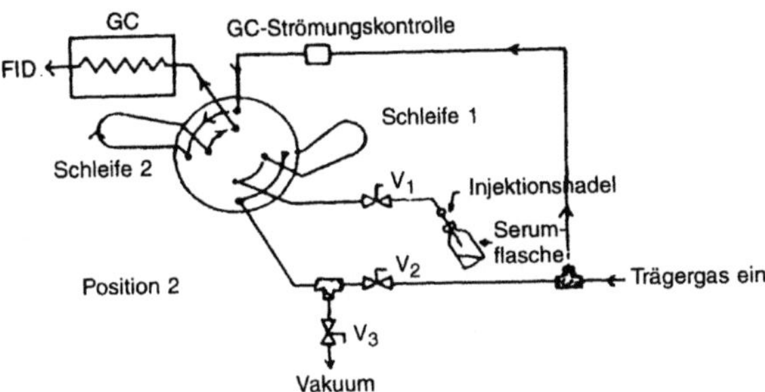

Abb. 4:
Ventilanordnung mit 2 Probeschleifen zur Unterdruckdosierung (nach W.F. Conen et al., Anal. Chem. **47**, 2483, [1975]

Noch idealer ist es, diese Spritzen- und damit septumlose Unterdruckdosierung mit der aus der Gasanalytik bekannten Partialdruckdosierung (13) zu kombinieren, weil dann die Probemenge beliebig variierbar ist. Dabei können, exakt mit Hilfe eines Druckmeßgerätes, beliebige Probemengen aus dem Dampfraum des HS-Gefäßes entnommen und in das Volumen des Dosierventils gegeben werden. Abb. 5a zeigt diese Möglichkeit in einfachster Form.

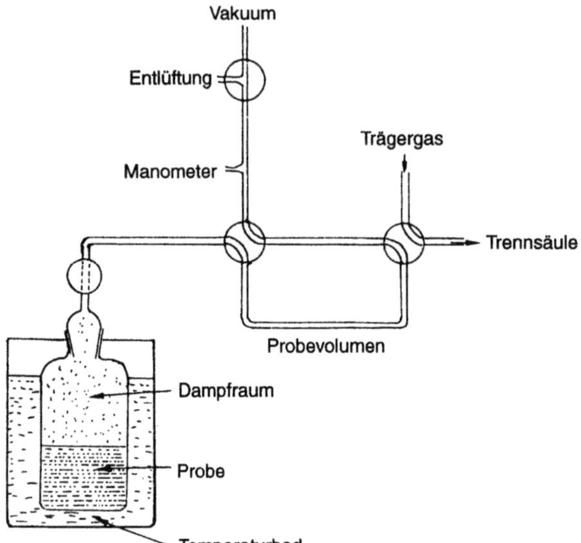

Abb. 5a:
Prinzip der Probenahme aus
dem Dampfraum mit Unter-
druck und Partialdruckdo-
sierung.

Abb. 5b zeigt das erweiterte Dosiersystem, das neben der eigentlichen Dosierschleife
A noch ein Drehküken B mit einem kleinen Volumen, das ebenfalls der Partialdruckdosierung zugänglich ist, ausgestattet ist. Dies ermöglicht schnelle und einfache Kalibrierungen von gas- und dampfförmigen Einzelkomponenten und Mischungen bis in $[\mu l/m^3]$-
Bereiche.

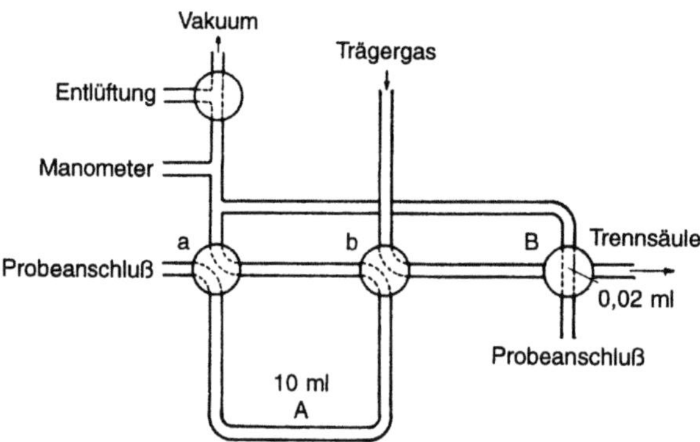

Abb. 5b:
Partialdruckdosiersystem
mit Kalibriermöglichkeit für
den Spurenbereich

Mittlerweile ist diese sogenannte Drehkükendosierung mit Hilfe kommerziell verfügbarer Mehrwegventile aus Metall für die Gasspurenanalytik so verbessert, daß jede Art von ,,in situ"-Absolutkalibrierungen auch für die HSGC möglich sind (14). Abb. 5c zeigt schematisch eine solche Ventilkombination und Abb. 5d das gesamte Gerät mit einem Druckmeßgerät wie es an jedem GC anschließbar ist. In Verbindung mit einem PC wird dann das Steuern der Ventile und die Auswertung, d.h. eine vollautomatische Kalibrierung, möglich.

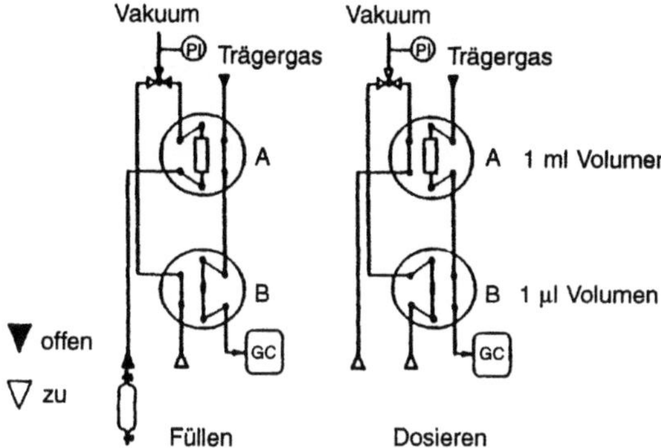

Abb. 5c: Ventilkombination in Stellung: Füllen und Dosierung des großen Volumens A

Abb. 5d: Ventilkombination zur Herstellung von Testmischungen von Gasen und Dämpfen für Spurenbereiche (14)

Das **Prinzip der Überdruckdosierung** dagegen besteht generell darin, daß zunächst im HS-Gefäß ein höherer Trägergrasdruck aufgebaut wird als er zur eigentlichen Trennung nötig ist. Nach bestimmten Zeitintervallen erfolgt dann, gesteuert durch ein Schaltmechanismus der Abbau des Überdruckes wobei die gas- bzw. dampfförmigen Bestandteile der Probe in die Trennsäule gelangen. (15)

Eine solche Methode (16), die auf jeden Gaschromatographen anwendbar ist, arbeitet wie folgt:

In die übliche pneumatische Schaltung des GC-Gerätes wird mittels eines T-Stückes eine Teflonleitung abgezweigt, die zu einem Metallabsperrhahn mit Kanülenschliff und einer aufgesteckten Kanüle führt. Durch diese Vorrichtung kann an dieser Stelle ein höherer Trägergasvordruck eingeschaltet werden, als er zur eigentlichen Analyse verwendet wird. Anstelle der sonst üblichen Einspritzmembrane sitzt im Einspritzblock eine Kapillare, die gleichfalls zu einem Metallabsperrhahn führt. Das Prinzip dieser Schaltung zeigt Abb. 6.

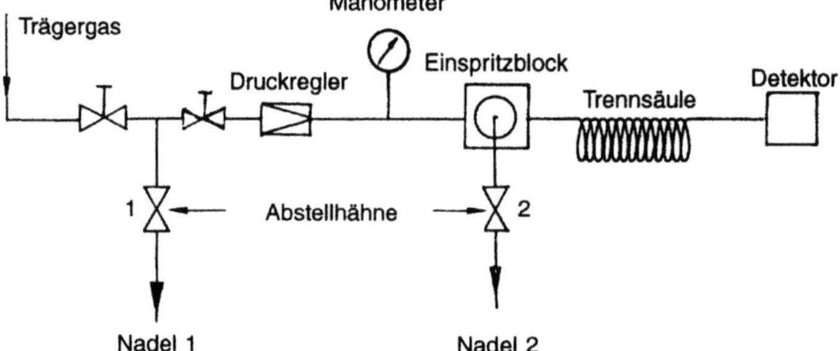

Abb. 6: Überdruckdosierung aus dem Dampfraum (Nach Pauschmann, Chromatographia, **3**, 376, [1970])

Die Metallabsperrhähne 1 und 2 sind vor Durchführung der Analyse zunächst geschlossen. Mittels Kanüle 1 und Metallabsperrhahn 1 wird dann in der Probeflasche ein Druck erzeugt, der größer als der Vordruck vor der Trennsäule ist (ca. 3000hPa). Die unter dem Trägergasüberdruck stehende Probe wird sodann von Kanüle 1 entfernt und an Kanüle 2 angeschlossen. Durch Öffnen des Metallabsperrhahns 2 wird die dampfförmige Probe durch den Überdruck, der natürlich höher als der Trägergasdruck sein muß, auf die Trennsäule gegeben. Als Probeflaschen dienen gewöhnliche Arzneiflaschen von ca. 10 ml Volumen. Die Entnahmestelle ist so gefertigt, daß die üblichen Silikongummischeiben, wie sie sonst für die Flüssigdosierung in der GC verwendet werden, benutzbar sind.

Eine weitere diesbezügliche Dosieranordnung, die auf jeden Gaschromatographen mit Doppeleinspritzblock verwendbar ist, zeigt Abb. 7 (17). Der Doppelsäulen-GC ist dabei mit nur einer Säule bestückt, wobei der zweite Säulenanschluß mit einem Blindstopfen versehen ist (vgl. Abb. 7).

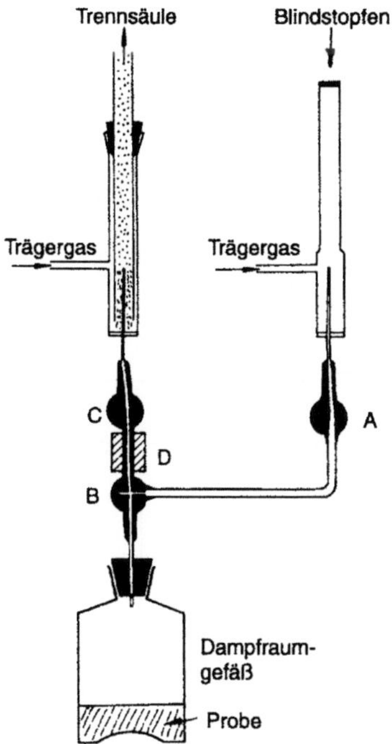

Abb. 7:
Dosierschema für die GC-HS-Analyse (nach GÖKE,
Chromatographia **5**, 622 (1972)

Der Druckaufbau im Dampfraumgefäß erfolgt über den Metallabsperrhahn A, wobei C geschlossen ist. Auch hier ist natürlich dafür zu sorgen, daß dieser Druck höher als der vor der Trennsäule ist. Die Dosierung erfolgt dann durch Schließen von A, durch Drehen von B und Öffnen von C. Der Vorteil dieser Anordnung besteht darin, daß durch die Heizstelle D eine gute Reinigung der Probeentnahmestelle über C zum Probenanschluß nach Beendigung der Analyse gewährleistet ist.

Alle diese Techniken waren Vorläufer für die heutigen vollautomatisch arbeitenden HS-Geräte auf dem Markt, von denen im folgenden der Typ HSS 86.50 der Fa. DANI vorgestellt wird.

Bei den, ebenfalls nach dem Überdruckprinzip arbeitenden Probegebern wird der Überdruck nicht direkt auf die Trennsäule, sondern erst in ein vorgegebenes Volumen abgebaut. Dies bietet die Möglichkeit der individuellen absoluten Kalibriermöglichkeit, nach Abb. 5a-d (14) wie sie für die, später zu besprechenden, matrixunabhängigen Auswertemethoden, benötigt wird. Der pneumatische Aufbau sowie dessen Arbeitsweise sind an den folgenden schematischen Abb. 8-15 zu ersehen.

Die Dosierung erfolgt über ein thermostatisiertes 6-Port-Ventil. Dadurch ist sichergestellt, daß immer dieselbe Gasmenge in den Gaschromatographen dosiert wird.

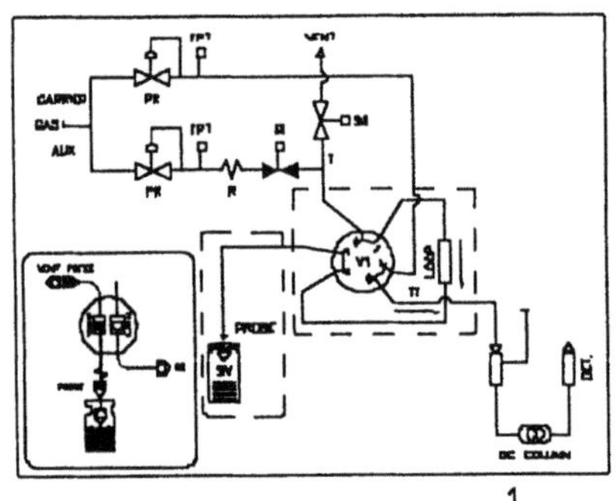

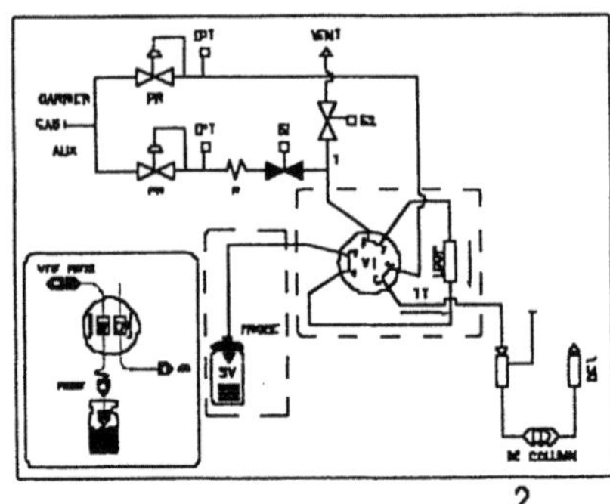

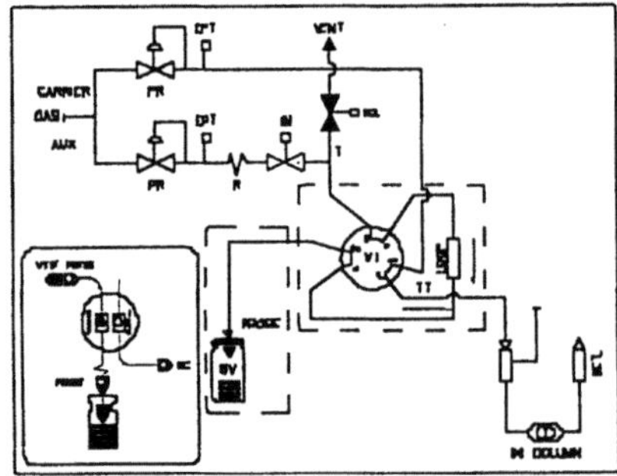

HSS 86.50 DANI

SYSTEM PNEUMATIC DIAGRAM —A—

Abb. 8: Pneumatischer Aufbau des DANI-HS-Probengebers

Die Gasleitungen in den Probengebern sind wie folgt aufgeteilt:

(Carrier) Trägergas A:	Druckregler mit Manometer
(AUX) Trägergas B:	Druckregler mit Manometer, über das Magnetventil S1 und einen Strömungswiderstand R wird der Gasstrom B über die Dosiernadel auf den Kopfraum der Probe gepreßt.
Ventil V1:	6-Port-Dosierventil zum Überführen der Gasprobe in den Gaschromatographen.
Loop (Probenschleife):	Dosiervolumen 1 oder 3 ml
Probe:	Dosierkapillare für die Kopfraumprobe
EPT:	elektronische Druckanzeige

Allgemeine Arbeitsweise

Die Probe wird in die Headspace-Flaschen abgefüllt, üblicherweise 10 ml in 20 ml-Flaschen. Die Flaschen werden anschließend verschlossen, wobei besonders auf exakte Dichtung zu achten ist. Danach werden sie in den Probenteller eingesetzt, wobei durch Drücken von „RETURN" der Probenteller sich jedesmal um eine Position weiterbewegt.

Grundstellung

In der Grundstellung (STD-BY) des Headspace-Probengebers befindet sich die Dosiernadel in Ruhestellung, das Trägergas strömt über das 6-Port-Ventil V1 zum Injektor.

Die Konditionierungszeit ist frei programmierbar, dies ist besonders wichtig bei Proben mit Sekundärreaktionen unter Wärmeeinfluß.

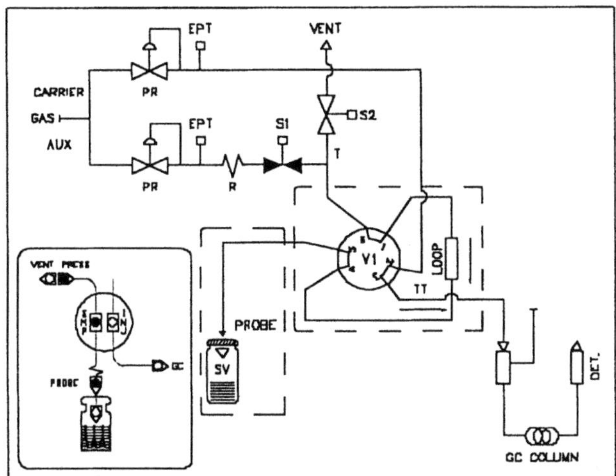

Abb. 9: Grundstellung

Zyklusstart

Nach Ablauf der Konditionierungszeit startet der Probengeber, die Dosiernadel bewegt sich nach unten, durchsticht die Gummimembran der Probenflasche und bleibt im oberen Teil, im Kopfraum, der Probenflasche stehen.

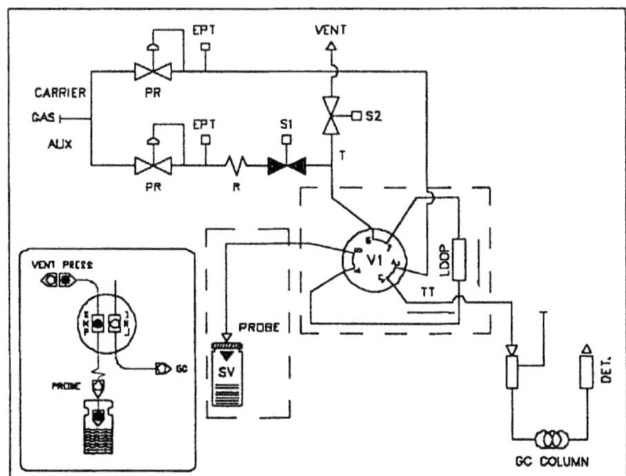

Abb. 10: Zyklusstart

Druckaufbau

Entsprechend der vorgegebenen Zeit für den Druckaufbau schalten die Ventile S1 und S2,
das Hilfsgas (AUX) preßt zusätzlich auf den Kopfraum.

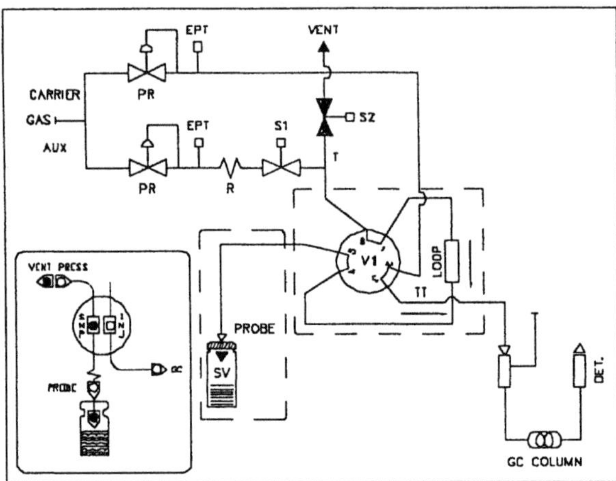

Abb. 11: Druckaufbau

Füllen der Probenschleife

Nach einer programmierbaren Durchmischungszeit öffnet das Ventil S2 und der Überdruck
im Kopfraum der Probe strömt durch die Probenschleife (LOOP) zur Atmosphäre.

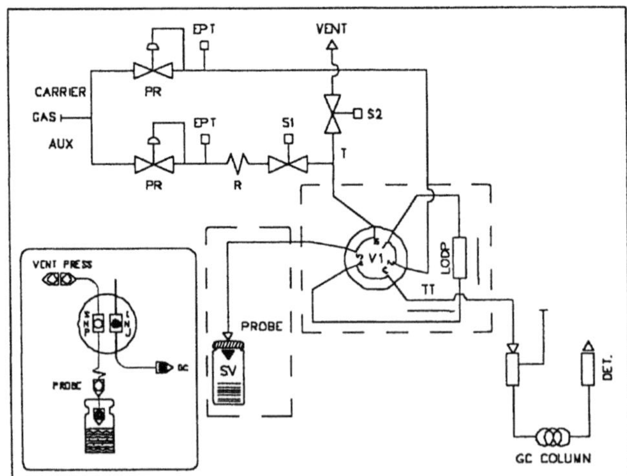

Abb. 12: Füllen der Probenschleife, Probenahme

Dosierung

Das 6-Port-Ventil dreht sich in die Grundstellung, die Probenschleife (LOOP) ist mit der Trägergasleitung verbunden, und die Probe wird in den Injektor gespült.

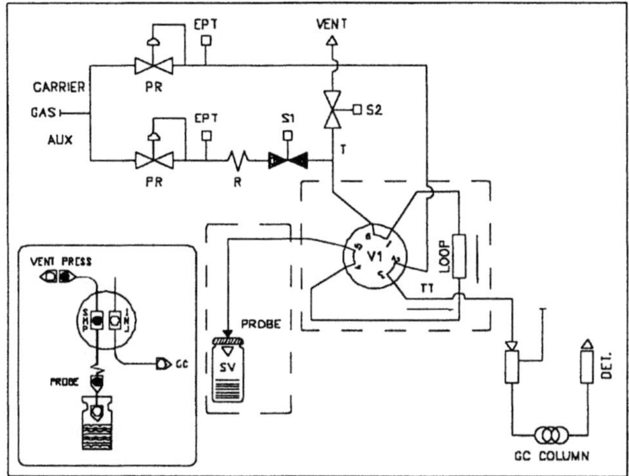

Abb. 13: Dosierung

Zyklusende

Am Ende des Transferzyklus fährt die Dosiernadel in ihre Ruhestellung, der Probengeber befindet sich wieder in seiner Ausgangsposition.

Abb. 14: DANI Headspace Probengeber

Einen Headspace-Probengeber mit Rückspülmöglichkeit zeigen die folgenden Abb. 15a und
15b.

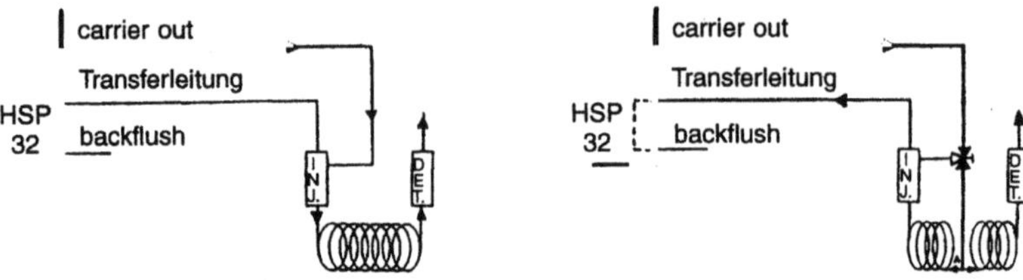

Abb. 15a: ohne Rückspülung   **Abb. 15b:** Schaltung mit Rückspülung

Eine solche Anordnung ist dann von großem Vorteil, wenn bei Routineanalysen unnötig
lange Analysenzyklen durch nicht mit zu bestimmende Komponenten verursacht werden
(130).

Im folgenden wird gezeigt, wie unter Ausnutzung der im HS 39.50 (Fa. DANI) vorhandenen Schaltmöglichkeiten sowie durch zwei einfache apparative Veränderungen eine keineswegs kostenaufwendige, einfache und für viele Zwecke ausreichende Rückspülmöglichkeit verwirklicht werden kann. Wie die beiden folgenden sehr vereinfachten Prinzipschaltbilder zeigen, benötigt man lediglich ein T-Stück (A) und ein 3-Wegeventil (B).

Wie aus Bild 15b ersichtlich, wird die Trennsäule dafür in 2 gleich lange Teile (I und II)
geteilt, die durch das T-Stück sowohl untereinander als auch mit der Trägergaszuführung
verbunden sind. Dies erlaubt, Teil I der ursprünglichen Säule in umgekehrter Richtung zu
durchströmen. Durch das Dreiwegeventil B kann manuell der ursprüngliche Betriebszustand
(15a) wieder hergestellt werden.

An zwei Beispielen sei der Gewinn an Analysenzeit durch diese einfache Rückspülmöglichkeit demonstriert:

GC Analysenbedingungen
Gerät: F22, Bodenseewerk, PERKIN, ELMER
Headspace-Probengeber: HS 3950, DANI
Trennsäule: PORAPAK QS 80 - 100 mesh
Trennsäule: 2 m
Trennsäulendurchmesser: 2 mm innen
Trägergas: N2 (40 ml/min bei 2 bar)
Temperaturen:
Heizbad: 80 °C
Manifold: 80 °C
Trennsäule: 170 °C
Detektor: 170 °C

	Zeiten für die normale Analyse	Zeiten für die Analyse mit Rückspülung
Druckaufbau	15 s	15 s
Füllen der Schleife	15 s	15 s
Dosieren	15 s	2 min
Analysenzeit	20 min	5 min

	Zeiten für die normale Analyse	Zeiten für die Analyse mit Rückspülung
Druckaufbau	15 s	15 s
Füllen der Schleife	15 s	15 s
Dosieren	15 s	2,5 min
Analysenzeit	25 min	5,0 min

Zeitlicher Analysenablauf für Beispiel 1   Zeitlicher Analysenablauf für Beispiel 2

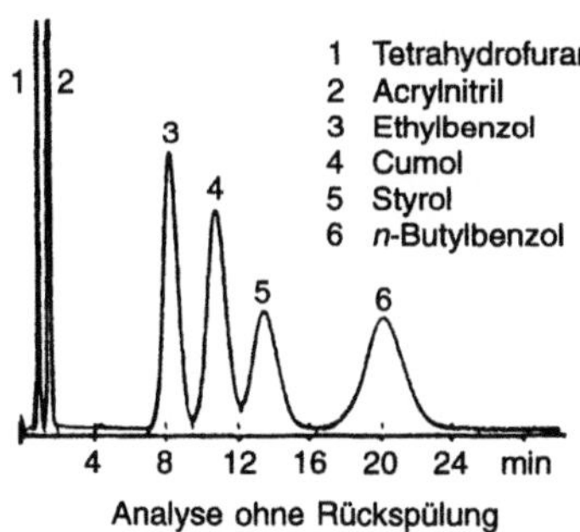

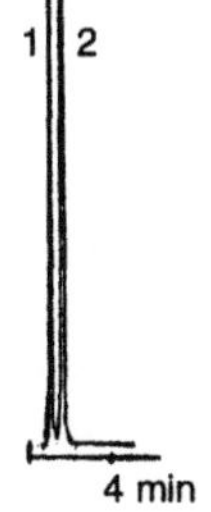

Abb. 15c: Beispiel 1: Bestimmung des Restgehaltes von Acetylnitril in Kunststoff

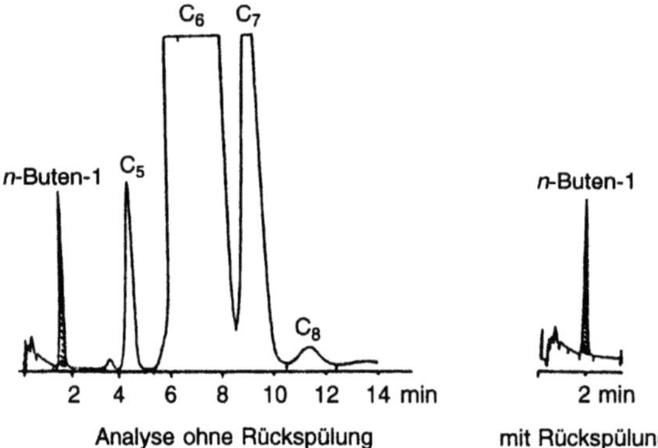

Abb. 15d: Beispiel 2: Bestimmung von n-Buten-1 in technischem Hexan

Die Fehlerquellen der statischen Methode

Die Voraussetzung für die quantitative Dampfraumanalyse ist in erster Linie die Kenntnis der Zeit für die Einstellung des Dampfdruckgleichgewichtes. Dabei ist zu beachten, daß dies bei hochviskosen Proben im allgemeinen mehr Zeit erfordert als bei niederviskosen. Die verschieden großen Diffusionsgeschwindigkeiten der einzelnen Substanzen im Dampfraum können vor allem bei zu kurzer Sättigungsdauer und zu großen Dampfräumen zu Fehlern führen. Zu beseitigen ist diese Schwierigkeit z.B. durch einen in den Gasraum eingebauten Flügelrührer, dessen Drehung über einen eingeschliffenen Deckel, der gleichzeitig als Verschluß dient, erfolgt (18). Leitet man dagegen durch die Probe einen langsamen Gasstrom, aus dem mit Hilfe einer Spritze oder eines Gasprobenventiles kleine Volumina entnommen werden können, so haben Größe und Form der durchperlenden Gasblase ebenfalls Einfluß auf die sich einstellende Gleichgewichtskonzentration (19).

Die Probennahme aus Behältern, die mit einer Gummikappe versehen sind, birgt weitere Fehlermöglichkeiten, die die Reproduzierbarkeit und Genauigkeit der Analyse wesentlich beeinflussen (20). So ist z.B. die Qualität des Gummiverschlusses von großer Wichtigkeit, weil eine beachtliche Sorption der zu bestimmenden Spurenkomponenten in dem Gummistopfen auftreten kann. Abb. 16.1 zeigt die Zunahme an sorbierter Menge von verschiedenen Dämpfen organischer Substanzen an Gummistopfen in Abhängigkeit von der Zeit.

Diese Sorption läßt sich durch verschiedene Präparationen, wie z.B. Tempern, Aufkleben von Aluminium- oder Teflonfolien nicht restlos beseitigen (21). Auch Experimente mit versilberten Verschlußkappen führen zu keinem befriedigenden Ergebnis. So ist diese Absorption an dem Verschlußmaterial des Dampfraumgefäßes eine Hauptfehlerquelle, die vom Molekulargewicht und von der molekularen Struktur der zu untersuchenden Komponente abhängt (22). Dadurch kann sich z.B. die Konzentration im Dampfraum, in dem ein Gummistopfen als Verschluß dient, innerhalb von 30 Minuten bei Aethylen um 2%, bei Hexan um 7,6% oder bei Heptan um 21,9% vermindern. Bei Aldehyden ist dieser Verlust noch größer. Er beträgt bei Propionaldehyd 4,6%, bei Valerianaldehyd 26,3% und bei Heptanal 64,5%. Andere Untersuchungen bei der Bestimmung von Luftschadstoffen in Atemluft

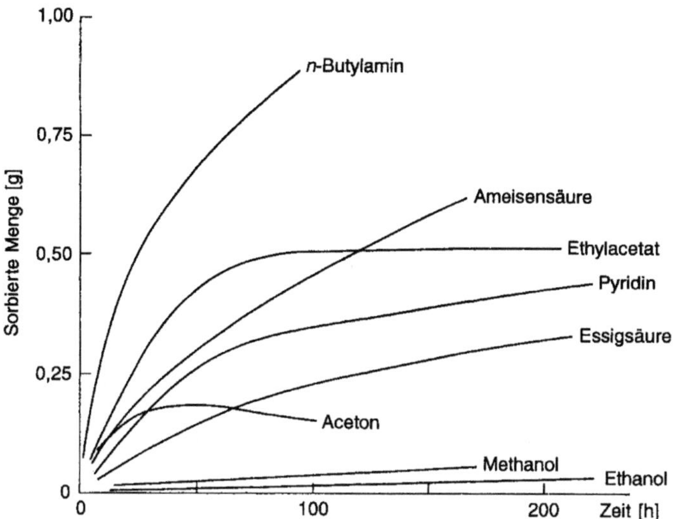

Abb. 16.1: Sorption von organischen Dämpfen an Gummistopfen bei +23°C (nach MAIER J. Chromatog. **50**, 329 (1970)

ergaben, daß bei chlorierten Kohlenwasserstoffen von momentan erhältlichen Septa allenfalls Teflon beschichtete Butylgummisepta verwendbar sind (146). Dabei spielt ferner auch die Größe der Headspace-Flaschen im Verhältnis zur Septenoberfläche eine Rolle, wie dies in den Abb. 16.2-4 am Beispiel von 1.1.1-Trichlorethan und Tetrachlorethen gezeigt ist.

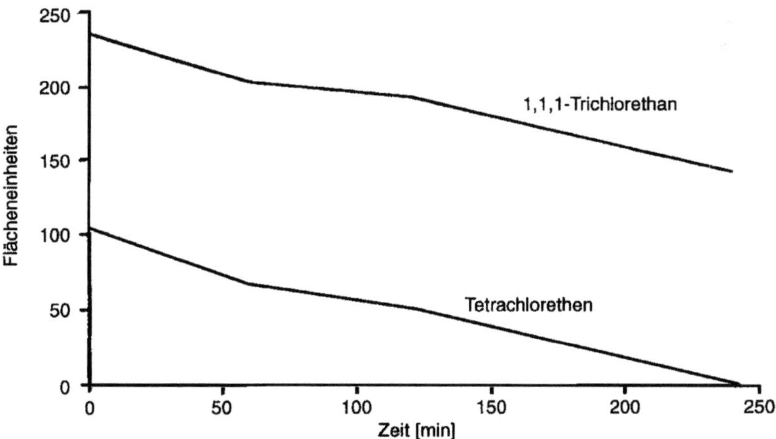

Abb. 16.2: Stabilität von chlorierten Kohlenwasserstoffkonzentrationen in HS-6-Flaschen mit tefl. Silicon-Septa

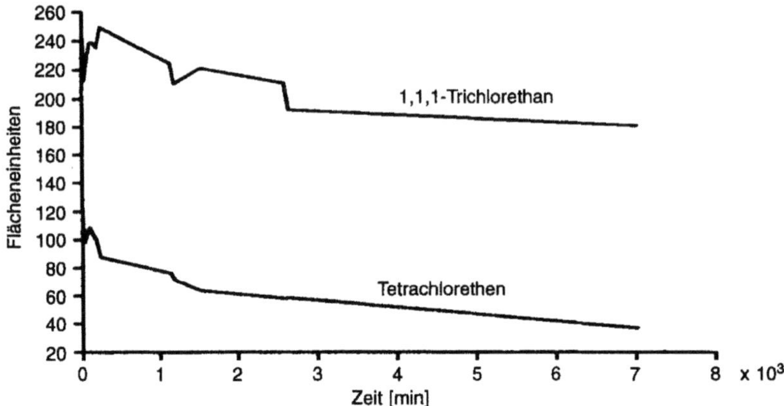

Abb. 16.3: Stabilität von chlorierten Kohlenwasserstoffkonzentrationen in HS-6-Flaschen mit Butyl-gummi-Septa

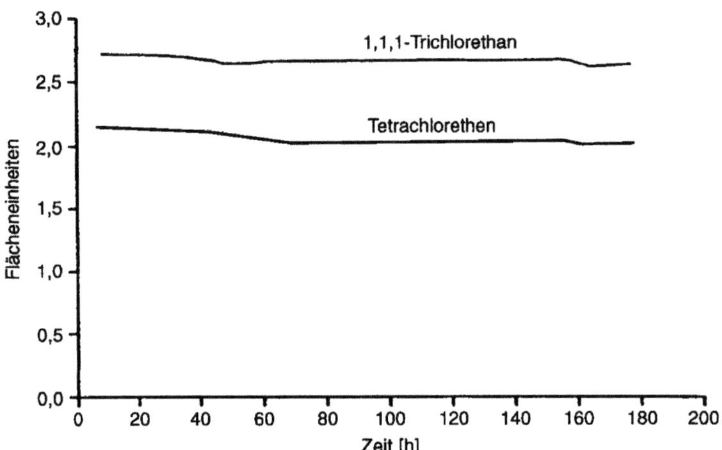

Abb. 16.4: Stabilität von chlorierten Kohlenwasserstoffkonzentrationen in HS-100-Flaschen mit tefl. Butylgummi-Septa

Da im allgemeinen ein Gummiverschluß jedoch nicht zu umgehen ist, sollte man immer den entsprechenden Blindwert des Gummistopfens ermitteln und diesen bei der Analyse berücksichtigen.

1.2 Theoretische Grundlagen zur quantitativen Analyse

Die Wahl einer quantitativen Auswertemethode und der dafür geeigneten Kalibriertechnik richtet sich, auch in der HSGC, zunächst nach dem Aggregatzustand der Probe und einer eventuell notwendigen Probevorbereitung. Eine weitere Frage ist auch hier die nach der Zahl der zu analysierenden Komponenten, deren Gehaltsbereichen und der notwendigen Analysengenauigkeit.

Im Gegensatz zur üblichen GC jedoch, bei der die Peakfläche A_i' dem Molanteil x_i einer Komponente i in der Probe nach:

$$A_i' = \bar{c}_i\, x_i \tag{1}$$

proportional ist, gilt im Fall der statischen HSGC für die der Komponente i im Dampfraum A_i'' :

$$A_i'' = \bar{c}_i\, p_i \tag{2}$$

$\bar{c}_i$ ist dabei ein Korrekturfaktor, der allein von den Apparatebedingungen, insbesondere von denen des verwendeten Detektors abhängt, und in der GC allgemein als Responsefaktor bezeichnet wird.

Die Meßgröße ist also nach Gleichung (2) ebenfalls die Peakfläche, die jedoch hier proportional dem Partialdampfdruck (p_i) der flüchtigen Komponente i im Dampfraum über der Probe ist. Dabei gilt die Einschränkung, daß die Drücke im Headspace-Gefäß nicht zu groß sein dürfen (Fugazität!).

Für p_i gilt im allgemeinen:

$$p_i = x_i\, p_{oi}\, \gamma_i \tag{3}$$

Daraus folgt für A_i'' in der HSGC:

$$A_i'' = \bar{c}_i\, x_i\, p_{oi}\, \gamma_i\,, \tag{4}$$

wobei γ_i den Aktivitätskoeffizienten von i in der Probenmatrix und p_{oi} den Dampfdruck der reinen Komponente i bedeuten.

Die quantitative Analyse in der HSGC stützt sich schließlich auf folgende aus Gleichung (4) abgeleitete Gleichgewichtsbeziehung:

$$x_i = \frac{A_i''}{\bar{c}_i\, p_{oi}\, \gamma_i}\,, \tag{5}$$

wobei die Größe

$$f_i = \frac{1}{\bar{c}_i\, p_{oi}\, \gamma_i} \tag{5a}$$

der Kalibrierfaktor von i experimentell zu ermitteln ist.

Den reziproken Wert:

$$\frac{A_i''}{x_i} = \bar{c}_i\, p_{oi}\, \gamma_i \tag{5b}$$

bezeichnet man dabei als „Headspace-Response" (E_{HS}).

1.3 Kalibrierung und quantitative Auswertung

Allgemeines

Wie aus den Gleichungen (4-5) ersichtlich, spielt der Aktivitätskoeffizient in der HSGC-Analyse eine große Rolle. Ist das Produkt $\bar{c}_i\, p_{oi}\, \gamma_i$ bekannt, so läßt sich der Gehalt direkt aus der gaschromatographisch ermittelten Fläche berechnen. In fast allen Fällen der Praxis muß dieses Produkt jedoch experimentiell ermittelt werden. Hierbei sind drei Fälle zu berücksichtigen:

$\gamma = 1$ ideale Mischung

$\gamma = \text{const.}$ ideal verdünnte Mischung

$\gamma = f(x_i)$ reale Gemische

Ein Beispiel für die Kalibrierung einer idealen Mischung in allen Konzentrationsbereichen zeigt den Fall Aethylacetat/Vinylacetat (Abb. 17).

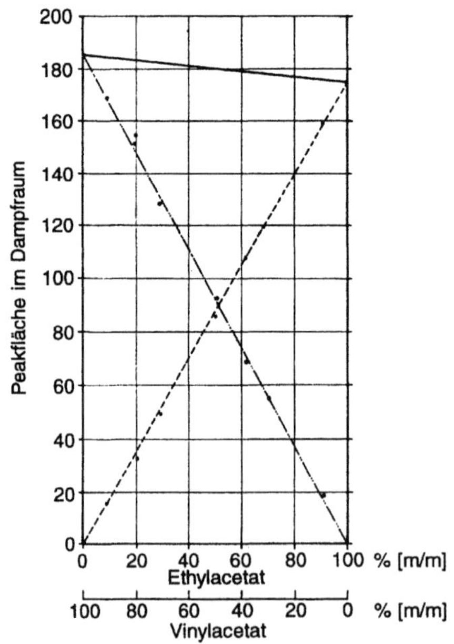

Abb. 17:
Dampfraumanalyse von Ethylacetat/Vinylacetat-Gemischen bei 70 °C

Da die HSGC-Analyse in der analytischen Praxis jedoch fast ausnahmslos für die Spurenanalyse, d.h. zur Bestimmung kleiner Konzentrationen eingesetzt wird, hat man es hier mit ideal verdünnten Mischungen zu tun. Dabei ist der Aktivitätskoeffizient konstant und damit auch das Produkt $\overline{c_i}\, p_{oi}\, \gamma_i$, vorausgesetzt, daß die verwendete Detektoreinheit eine lineare bzw. proportionale Anzeige garantiert ($\overline{c_i}$ = const.).

Eine Kalibrierung für den Fall der ideal verdünnten Mischung zeigt das Beispiel kleiner Mengen Acrylnitril in Wasser (Abb. 18).

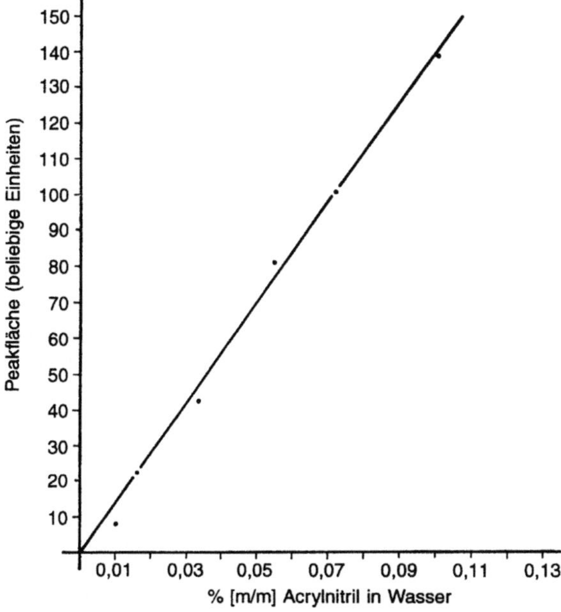

Abb. 18: Eichung geringer Mengen Acrylnitril in Wasser

Hat man es jedoch mit Proben zu tun, in denen relativ große Konzentrationen von i vorliegen, so daß $\gamma_i = f(x_i)$ und damit auch der Partialdruck und die Peakfläche eine Funktion der Konzentration sind, dann muß mit Lösungen verschiedener Gehalte eine Kalibrierung erstellt werden. Ein derartiger Fall zeigt das bekannte Beispiel der binären Mischung von Ethanol/ Heptan (Abb. 19).

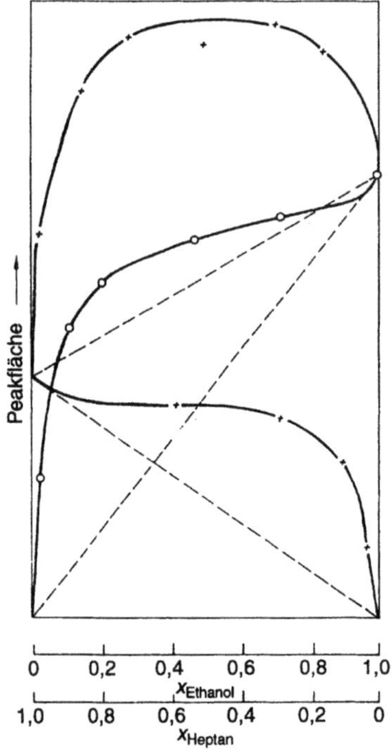

Abb. 19:
Dampfraumanalyse von Ethanol/Heptangemischen bei 70 °C (nach B. KOLB, Applied HSGC ed by B. KOLB, HEYDEN [1980])

(x = Molenbruch)

In Abb. 19 ist die aus der HSGC-Analyse resultierende Peakfläche in Abhängigkeit von den Mischungsverhältnissen (Molenbrüche) Ethanol zu Heptan aufgetragen (23). Die Messung zeigt, daß mit steigender Konzentration die Peakflächen unlinear werden, wobei die Kalibrierkurven dabei solange brauchbar sind, bis sie nicht mehr waagerecht verlaufen. Es ist daher für die Praxis einfacher, die betreffende Probe so lange zu verdünnen, bis die Kalibrierung im Bereich der ideal verdünnten Lösung möglich wird.

Ferner ist der Aktivitätskoeffizient (γ_i) keine reine Stoffeigenschaft, da seine Größe von der jeweils vorliegenden Mischung abhängt. Kalibrierungen haben daher grundsätzlich in der Matrix zu erfolgen, die der Zusammensetzung der Probe entspricht. Diese Matrixabhängigkeit ist daher die Schwäche der statischen HSGC. Bei unbekannten Proben resultieren daraus oft erhebliche Probleme. So kann z.B. die Abwasseranalyse, der eine Eichung mit reinem Wasser zugrunde liegt, verfälscht sein, da unbekannte Salzgehalte oder andere unbekannte Komponenten den Aktivitätskoeffizient stark beeinflussen. Für dieses Problem bieten sich folgende Lösungen an (24):

1. Die Zusammensetzung der Probe ist bekannt und kann für Eichzwecke reproduziert oder simuliert werden. So genügt z.B. für die Bestimmung von Fuselalkoholen in Spirituosen eine Eichung in wäßrig aethylalkoholischer Lösung.

2. Die Zusammensetzung der Probe ist nicht bekannt, sie steht aber in reiner Form zur Verfügung. Beispiele hierfür sind die Bestimmung von Vinylchlorid in Speiseöl oder die von Aethylalkohol in Blut.

3. Die Zusammensetzung der Probe ist unbekannt, sie ist nicht in reiner Form verfügbar, wie beispielsweise bei Abwasseranalysen oder bei der Bestimmung von Restmonomeren in Polymeren unbekannter Herkunft (Fremdmuster).

Für diesen Fall gibt es jedoch matrixunabhängige Auswerteverfahren, die später beschrieben werden. Vorher muß noch auf die Rolle des Dampfdruckes p_{oi} (vgl. Gleichung (4)) eingegangen werden. Dieser ist, im Gegensatz zu γ_i, für eine gegebene Temperatur eine Stoffeigenschaft. Die Kalibrierung muß daher unter den gleichen Arbeitsbedingungen erfolgen, unter denen auch die Analyse durchgeführt wird.

Wegen der Temperaturabhängigkeit des Dampfdruckes nach CLAUSIUS-CLAPEYRON muß dabei für eine exakte Temperaturkonstanz gesorgt werden. Ein weiterer wichtiger Punkt, auf den bereits hingewiesen wurde, ist die Kenntnis der Zeit für die Einstellung des Dampfdruckgleichgewichtes, das unter Umständen stark von der Viskosität der Probe abhängen kann. So erfordert die Einstellung des Dampfdruckgleichgewichtes über Feststoffen wesentlich mehr Zeit als über Lösungen (25). Abb. 20 zeigt die Einstellung des Verteilungsgleichgewichtes für Styrol bei Polystyrolgranulat im Vergleich zu einer Lösung von Polystyrol in DMF.

Eine Ausnahme bilden dabei Polymere mit „Glasübergangspunkt". Werden diese bis über den Erweichungspunkt erhitzt, dann stellt sich das Gleichgewicht ebenso schnell wie über Lösungen ein. Die Kalibrierung kann allerdings nur mit reinen Monomeren erfolgen (26).

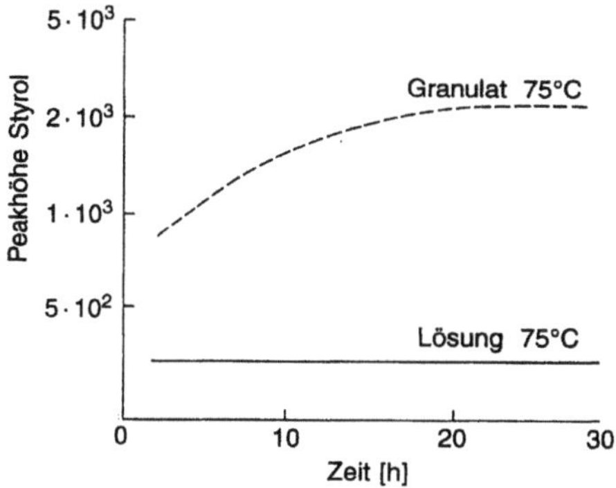

Abb. 20:
Einstellung des Verteilungsgleichgewichtes von gelöstem Styrol zwischen Gasphase und Polystyrolgranulat bzw. Polystyrollösung in DMF bei der Gasphasenanalyse von Polystyrol in Abhängigkeit von der Zeit (nach Rohrschneider, Z. anal. Chem **255**, 345, [1971])

Matrixabhängige und matrixunabhängige Auswerteverfahren

Die eigentliche Durchführung einer statischen HSGC-Analyse stützt sich im übrigen auf die bekannten Auswertemethoden und Rechenregeln der GC nach DIN 51405, nach der auch die folgende Nomenklatur gewählt ist. Allerdings verbietet sich aus den eingangs erwähnten Gründen die „100 Prozentmethode" (Flächenprozent). Auch die Methode der „Inneren Normierung" (100 Prozentmethode mit korrigierten Flächen), welche theoretisch denkbar wäre, dürfte in praxi wegen allzu großer Unterschiede der Meßgrößen (Peaks) kaum durchführbar sein.

Dies demonstriert der folgende Vergleich der Abb. 21 von zwei Gaschromatogrammen der gleichen Mischung aus fünf flüchtigen, in Wasser gelösten Stoffen, die durch übliche Dosierung der flüssigen Phase (Gaschromatogramm A) und der Dampfphase (Gaschromatogramm B) gewonnen wurden (Einfluß des Produktes $p_{oi}\,\gamma_i$!).

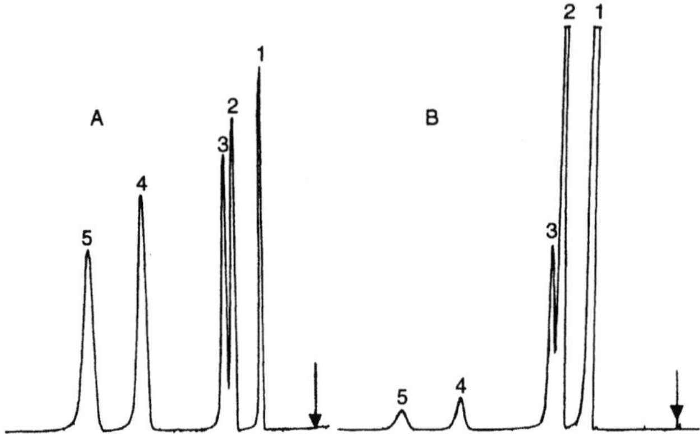

Abb. 21: Gaschromatogramme der Flüssigphase (A) und der Dampfphase (B) einer Mischung aus je 13 % (m/m) Diethylether (1), Aceton (2), Ethanol (3), n-Butanol (4) und Essigsäureamylester (5) in Wasser (Detektor WLD)

Matrixabhängige Auswerteverfahren

Methode des „Externen Standards"

$$\text{Kalibrierung: } f_i = \frac{C_{ST}}{A''_{ST}} \tag{6}$$

$$\text{Auswertung: } C_i = f_i \cdot A''_i \tag{7}$$

Diese Methode erfordert die reproduzierbare Dosierung von Probe und Testmischung.

Methode des „Inneren Standards "

$$\text{Kalibrierung: } f_i = \frac{A''_{ST} \cdot C_i}{A''_i \cdot C_{ST}} \tag{8}$$

$$\text{Auswertung: } C_i = \frac{f_i A''_i \cdot C_{ST}}{A''_{ST}} \tag{9}$$

dabei bedeuten: i eine beliebige Substanz

        Ci den Gehalt von i (z.B.% [m/m], % [mol/mol] etc.

        f_i den Kalibrierfaktor von i (vgl. Gleichung (5a))

        A_i'' die Signalgröße von der Komponente i im Dampfraum

        C_{ST} den Gehalt an Standardsubstanz

        A_{ST}'' die Signalgröße des Standards

Beide Methoden finden ihre Anwendung bei der Analyse flüssiger homogener klarer Probematices wie z.B. wäßrige Proben, flüchtige Anteile in Mineralölen, Speiseöl, Alkoholika etc. oder auch die Bestimmung von Restmonomeren in klar löslichen Polymeren.

Für hohe Ansprüche an die Analysengenauigkeit ist hierbei Methode 2 zu empfehlen, weil durch den inneren Standard nicht nur geringe Änderungen der GC-Apparatebedingungen (Änderung von $\bar{c}_i$), sondern auch in der Zusammensetzung und Temperierung der Probe (Änderung des Produktes $p_{oi}\gamma_i$) kompensiert werden; dabei sollte die Standardsubstanz ähnliche Polarität wie die zu bestimmende Komponente besitzen.

Neben der Verwendung gleicher Matrices sollten auch gleiche Volumina für Kalibrierung und Analyse eingesetzt werden, da bei gegebener Temperatur die sich einstellende Dampfraumkonzentration von i auch vom Volumenverhältnis der Gas- zur Flüssigphase (bzw. festen Phase) V_G / v_L bestimmt wird (27).

Auf dieser Gegebenheit beruht übrigens das erste der nun zu besprechenden

Matrixunabhängigen Auswerteverfahren,

wobei nach der Beziehung: (28)

$$\frac{1}{C_{iG}} = \frac{K_i}{C_{iL}^{0}} + \frac{1 \cdot V_G}{C_{iL}^{0} \cdot V_L} \tag{10}$$

zwischen der Peakfläche von i ($A_i'' \approx C_{iG}$) und dem V_G / v_L-Verhältnis eine Gerade resultiert, aus deren Steigungsmaß $1/C_{iL}^{0}$ die Konzentration der Komponente i in der Probe (C_{iL}^{0}) ermittelt werden kann. C_{iG} bedeutet den Gehalt von i in der Gasphase, der proportional A_i'' ist. K_i ist der Verteilungskoeffizient von i zwischen Gas- und Flüssigphase.

Natürlich muß hierbei durch eine absolute Kalibrierung die Berechnung zwischen der Peakfläche A_i'' und der Substanzmenge (m_i) nach:

$$m_i = f_i A_i'' \tag{11}$$

ermöglicht werden. (vgl. Abb. 5b - d)

Bei dieser sogenannten **„Variable Loading equilibrium-Technik"** wird in der Praxis so verfahren, daß aus verschiedenen HS-Gefäßen mit verschiedenen Füllhöhen derselben Probe deren Dampfräume analysiert werden (vgl. Abb. 22):

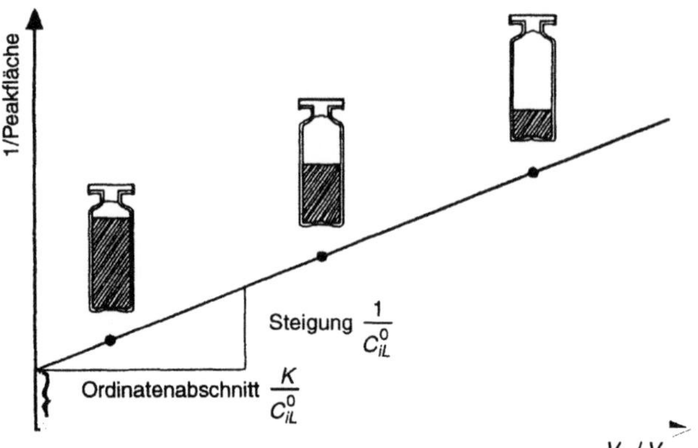

Abb. 22: Abhängigkeit der Peakflächengröße von der Füllhöhe im Probengefäß (nach M.S. REDSTONE, HSGC, Fa. Hewlett Packard, Part No 5955 - 9072, 3/85, USA)

Die zweite oft angewandte matrixunabhängige Auswertemöglichkeit ist das **„Multiple Headspace Extraktion-Verfahren"** (29), welches auf einer schrittweisen Gasextraktion des Dampfraumes in gleichen Zeitintervallen beruht, wobei die absolute Menge der Komponente i nach:

$$\Sigma\, A_i'' = \frac{\left(A_i''^{\,1}\right)^2}{\left(A_i''^{\,1} - A_i''^{\,2}\right)} \tag{12}$$

aus nur zwei aufeinander folgenden Messungen bestimmbar ist (s. Abb. 23). Auch hierbei ist natürlich wieder nach:

$$m_i = f_i \cdot A_i'' \tag{13}$$

die Berechnung zwischen Stoffmenge (m_i) und der Summe der Peakflächen von A_i'' herzustellen.

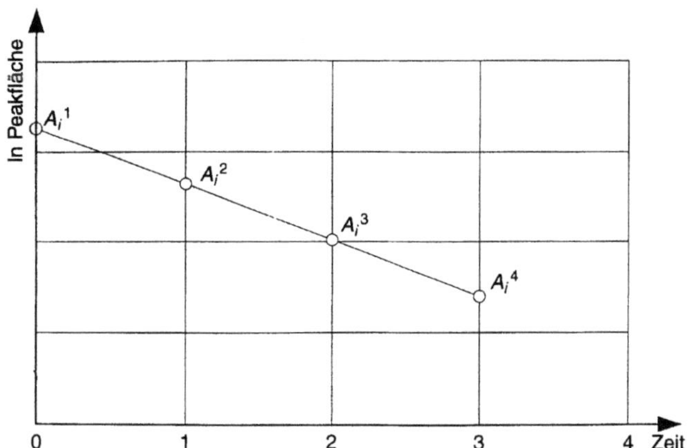

Abb. 23: Exponentieller Ablauf des MHE-Verfahrens (nach B. Kolb, Angew. GC, Bodenseewerk Perkin Elmer (1981) Heft 38)

Eine weitere Möglichkeit der matrixunabhängigen Auswertung bieten die bekannten **Aufstockmethoden**, die sowohl mit als auch ohne Bezugssignal durchführbar sind. Sie finden ihre Anwendung bei flüssigen inhomogenen, hoch viskosen Proben sowie bei Feststoffen, die nicht in eine klare Lösung zu bringen sind. In diesem Fall gilt:

Ohne Bezugssubstanz:

$$C_i = \frac{C_i' \cdot A_i''}{A_{i(z)}'' \cdot A_i''} \tag{14}$$

Mit Bezugssubstanz:

$$C_i = \frac{m_{i(z)} \cdot 100}{m_p \cdot \left(\dfrac{A_b'' \cdot A_{i(z)}''}{A_i'' \cdot A_B''} - 1 \right)} \tag{15}$$

C_i : Gehalt von i in der Probe

C_i' : zugegebener Gehalt von i (Aufstockung)

A_i'' : Signalgröße von i im Dampfraum der Probe

$A_{i(z)}''$: Signalgröße von i im Dampfraum in der aufgestockten Probe

$m_{i(z)}$: die zur Probe zugegebene Masse (Aufstockung)

m_p : Masse der Probe

A_B'' : Signalgröße einer beliebigen Komponente B in der Probe im Dampfraum (Bezugssubstanz)

1.4 Methoden zur Erhöhung der Nachweisempfindlichkeit

Quantitative Spurenbestimmungen erfordern in der statischen HSGC oft eine Erhöhung der Nachweisempfindlichkeit, d.h. ein möglichst großes Meßsignal $\overset{\prime\prime}{A_i}$.

Dies kann sowohl apparatetechnisch erreicht werden als auch durch weitere Beziehungen der Gleichung (4), wie folgt:

Apparatetechnische Möglichkeiten (Vergrößerung von $\overline{c}_i$)

Das aus der klassischen GC übliche Verfahren der Vergrößerung des Probevolumens ist hier wenig erfolgreich, da die Gehalte im Dampfraum meist zu gering sind.

Es besteht aber die Möglichkeit der Kryofokussierung am Kapillarsäulenanfang, wobei Anreicherungsfaktoren von 30 - 50 erreichbar sind. Für spezielle Substanzgruppen bringen dabei stoff- bzw. substanzspezifische Detektoren noch weitere wesentliche Empfindlichkeitssteigerungen, so z.B. der FPD für Schwefelverbindungen oder der ECD für Halogenverbindungen oder Diketone (30). Mit modernen PTV-Injektoren sind solche Analysen mit HS-Probengebern voll automatisierbar, wie folgendes Beispiel der Abb. 24 zeigt:

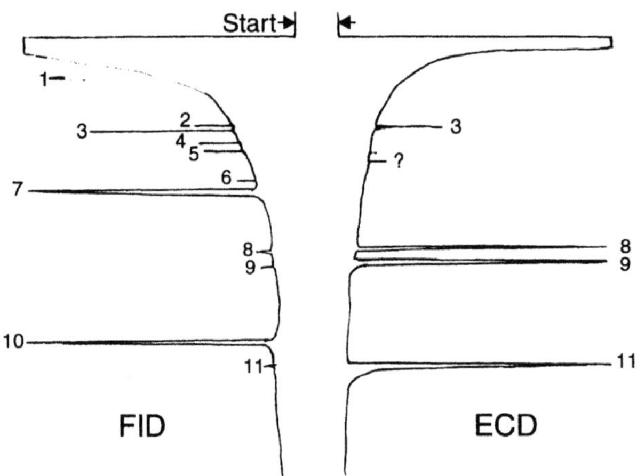

Abb. 24: Bestimmung von flüchtigen organischen Stoffen im [μg/kg]-Bereich in Wasser durch HS-Kapillar-GC mit Kryofokussierung und 2 verschiedenen selektiven Detektoren (nach DANI, Application Sheet, Februar 1987)

Analysenbedingungen:	DANI HSS 3980 Headspace-Probengeber
Trennsäule:	Ucon LB 550 Kapillarsäule; i.D.: 0,3 mm
Trennsäulenlänge:	25 m, PTV-Injektor
Adsorptionsmittel:	Tenax
Split:	15 ml/min
Temperaturprogramm:	25 °C-50 °C mit 3 °C/min
PTV:	0 °C-300 °C
Probenmenge:	H_2O Probe 10 ml; Gasraum 3 ml

Peak:	1	Aceton	$1\,[\mu g/g]$
	2	Acetonitril	$5\,[\mu g/g]$
	3	Dichlormethan	$1\,[\mu g/kg]$
	4	Tetrahydrofuran	$200\,[\mu g/kg]$
	5	Ethylacetat	$200\,[\mu g/kg]$
	6	Isopropanol	$5\,[\mu g/g]$
	7	Benzol	$1\,[\mu g/kg]$
	8	Chloroform	$1\,[\mu g/kg]$
	9	Trichlorethylen	$1\,[\mu g/kg]$
	10	Toluol	$1\,[\mu g/kg]$
	11	Tetrachlorethylen	$1\,[\mu g/kg]$

Steigerung der Nachweisempfindlichkeit durch Temperaturerhöhung (Beeinflussung von p_{oi})

Die Nachweisempfindlichkeit kann zunächst gesteigert werden durch Vergrößerung des Sättigungsdampfdruckes p_{oi} der reinen Spurenkomponente i, was durch Erhöhung der Temperatur möglich ist. Dieser Technik sind jedoch wegen der Gefahren des Gefäßbruches und des Substanzverlustes als Folge der stofflichen Veränderung der Gefäßkappen experimentell Grenzen gesetzt.

Steigerung der Nachweisempfindlichkeit durch Vergrößerung von γ_i

So läßt sich die Nachweisempfindlichkeit ferner steigern durch Vergrößerung des Aktivitätskoeffizienten γ_i; dies kann durch Versetzen der Probe mit einem Zusatzstoff erreicht werden, der sowohl ein Elektrolyt als auch ein Nichtelektrolyt sein kann.

Vergrößerung von γ_i durch Zusatz von Elektrolyten

Der als „Salzeffekt" bekannte Einfluß von Ionen gelöster Salze auf die Aktivität gelöster Stoffe in wäßrigen Lösungen wird seit langem in der analytischen und präparativen Chemie angewandt, um die Löslichkeit gewisser gelöster Stoffe zu erhöhen („Einsalzen") oder zu erniedrigen („Aussalzen"). Dieser Effekt tritt speziell nur dann auf, wenn die Beeinflussung von Aktivitäten und der entsprechenden Aktivitätskoeffizienten durch Ionen in wäßrigen Medium besonders stark ausfällt und ist durch besonders starke intermolekulare elektrostatische Wechselwirkungskräfte interpretierbar.

Speziell der „Aussalzeffekt" (31), (32) wird bei wäßrigen Proben sehr oft verwendet, um die Konzentration der zu bestimmenden flüchtigen Spurenkomponenten im Dampfraum zu erhöhen. Abb. 25 zeigt z.B. die HSGC-Analyse eines Abwassers, dem ca. 30% K_2CO_3 zugegeben wurden, im Vergleich zu der Originalprobe ohne Salzzusatz (Abb. 26).

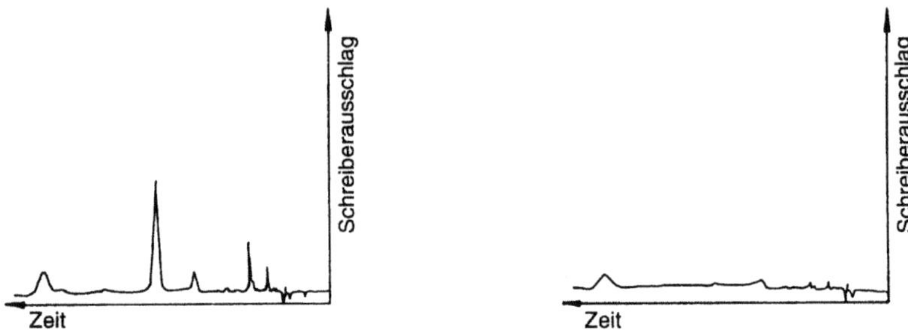

Abb. 25: Abwasser mit 30% K_2CO_3-Zusatz   **Abb. 26:** Abwasser ohne Salzzusatz

Dabei hängt die Wirkung dieses Aussalzeffektes u. a. von der Art des verwendeten Salzes ab, wie das folgende Beispiel einer 2 ‰-Lösung von Ethanol in Wasser zeigt (5). Gibt man dieser Lösung 0,5 g verschiedener wasserfreier Salze zu, so ergeben sich im Dampfraum folgende Konzentrationserhöhungen gegenüber der Lösung ohne Salzzusatz (Tab. 2):

Tabelle 2: Konzentrationserhöhung von Ethanol im Dampfraum bei verschiedenen Salzzusätzen (Temperatur 60 °C)

Art des Salzes:	Konzentrationserhöhung im Dampfraum
Ammonsulfat	x 5
Natriumchlorid	x 3
Kaliumcarbonat	x 8
Ammonchlorid	x 2
Natriumcitrat	x 5

Hierbei sei bemerkt, daß bei Untersuchungen über den Einfluß der Temperatur auf das Dampfdruckgleichgewicht bei solchen Salzzugaben beobachtet wurde, daß unter Umständen die CLAUSIUS CLAPEYRONsche Gleichung nicht exakt befolgt wird (33).

Vergrößerung von γ_i durch Zusatz von Nichtelektrolyten

Die Vergrößerung des Aktivitätskoeffizienten gelöster Stoffe zur Erhöhung der Nachweisempfindlichkeit ist ferner durch Zusatz von Nichtelektrolyten zur Analysenprobe gezielt durchführbar. So läßt sich z.B. die Nachweisempfindlichkeit organischer Stoffe in organischen Lösungsmitteln, die mit Wasser mischbar sind, durch Wasserzugabe stark erhöhen. Als Beispiel hierfür sei eine steigende Wasserzugabe zu einer Lösung von je 120 [μg/g] Styrol, Butylacrylat, n-Butanol und Acrylnitril in Dimethylformamid angeführt, wobei folgende Vergrößerung der Peakflächen im Dampfraum resultieren (34), (Tab. 3, Abb. 27):

Tabelle 3: Abhängigkeit der Peakflächen von je 120 [μg/g] Styol, Butylacrylat, n-Butanol, Acrylnitril in DMF vom Wassergehalt dieser Mischung

Mischung	Peakfläche im Dampfraum			
H$_2$O . DMF	Acrylnitril	n-Butanol	Butylacrylat	Styrol
0 : 100	12	2	3	4
10 : 90	18	3	7	9
20 : 80	25	5	15	21
30 : 70	45	9	51	81
40 : 60	58	14	83	144
50 : 50	71	18	122	227
60 : 40	87	23	179	344
70 : 30	105	30	243	458
80 : 20	118	37	280	556
90 : 10	119	45	307	504
100 : 0	139	51	334	600

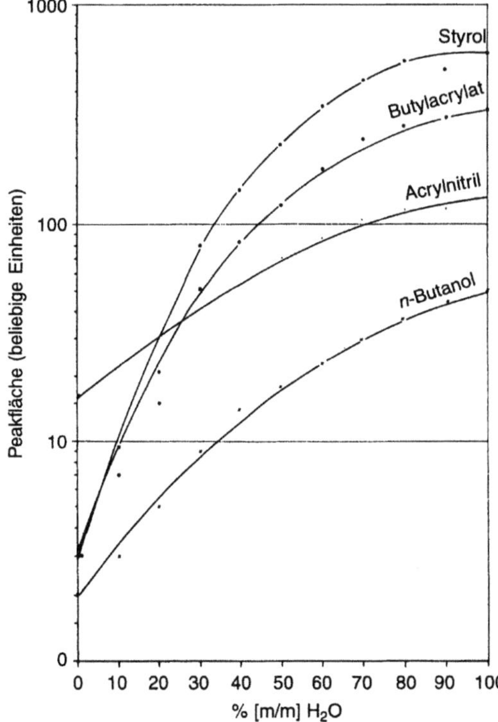

Abb. 27:
Abhängigkeit der Peakflächen von je 120 [μg/g] Styrol, Butylacrylat, n-Butanol, Acrilnitril in DMF vom Wassergehalt dieser Mischung

Die Ergebnisse von Tab. 3 und Abb. 27 zeigen deutlich die Beeinflussung der HSGC-Nachweisempfindlichkeit durch die Zugabe des Fremdstoffes Wasser, wie zu erwarten, ist sie bei Styrol am höchsten und bei Butanol am niedrigsten.

Auch innerhalb homologer Reihen bieten sich diesbezüglich interessante Möglichkeiten, wie am Beispiel einer Mischung der C_2-C_5 n-Alkohole in DMF gezeigt wird. Als Zusatzstoff dient wieder Wasser. Die Versuchsergebnisse sind aus Tab. 4 und Abb. 28 zu ersehen.

Tabelle 4: Peakflächen im Dampfraum von je [120 μg/g] von C_2-C_5 n-Alkoholen in DMF in Abhängigkeit vom Wassergehalt der Mischung

Mischung	Peakflächen			
H_2O : DMF	Ethanol	n-Propanol	n-Butanol	n-Pentanol
0 : 100	12,1	4,9	2,1	0,9
20 : 80	13,3	7,3	4,2	2,4
30 : 70	15,0	9,4	6,2	3,6
40 : 60	15,7	11,4	8,5	5,6
60 : 40	18,9	16,6	14,9	14,2
70 : 30	22,1	21,4	21,9	23,2
80 : 20	22,1	23,3	25,7	29,7
100 : 0	26,0	32,5	44,5	63,2

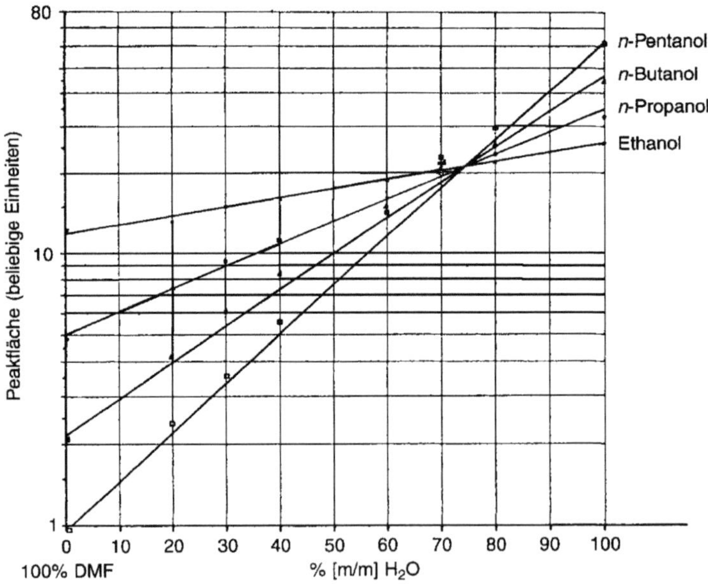

Abb. 28: Peakflächen im Dampfraum von je 120 [μg/g] der C_2-C_5 n-Alkohole in DMF in Abhängigkeit vom Wassergehalt der Mischung

Wie Abb. 28 zu entnehmen ist, ist die Nachweisempfindlichkeit der in DMF gelösten Alkohole durch Wasserzugabe gesteigert. Die Empfindlichkeit und ihre Steigerung weisen in der Reihe der Homologen systematische Unterschiede auf: die Empfindlichkeit der Homologen in DMF-Lösung nimmt mit steigender Kohlenstoffkettenlänge ab, die Empfindlichkeitssteigerung nimmt mit der Kettenlänge zu. Da die Steigerung über den gesamten Mischungsbereich von DMF und Wasser konstant bleibt, ergibt sich in wäßrigen Lösungen ein umgekehrter Gang in den Empfindlichkeiten; hier nimmt die Empfindlichkeit mit steigender Kohlenstoffkettenlänge zu. Auffällig ist ein Punkt, der bei etwa 70-80 Gew% Wasser liegt, ausgezeichnet dadurch, daß er die Nachweisempfindlichkeit aller untersuchten homologen Alkohole darstellt. Offenbar sind in diesem Punkt die vom Wassergehalt abhängigen Aktivitätskoeffizienten, mit deren Hilfe man den Einfluß des Wassergehaltes auf die GC-HS-Nachweisempfindlichkeit quantitativ beschreiben kann, derart systematisch abgestuft, daß die gegenläufige Abstufung in den Sättigungsdampfdrücken p_{oi} der reinen Homologen vollkommen kompensiert wird, wobei das Produkt $p_{oi}\,\gamma_i$ in der Reihe der untersuchten Homologen konstant ist. Umgekehrt kann natürlich durch DMF-Zugabe zu wäßrigen Lösungen die relative Nachweisempfindlichkeit von Ethanol gegenüber Pentanol vergrößert werden. Diese Unterschiede sind um so größer, je größer diejenigen im Molekülbau bzw. in der Polarität sind, im vorliegenden Fall zwischen dem C_2- und dem C_5-n-Alkohol, wie Abb. 29 veranschaulicht (Werte der Tab. 4).

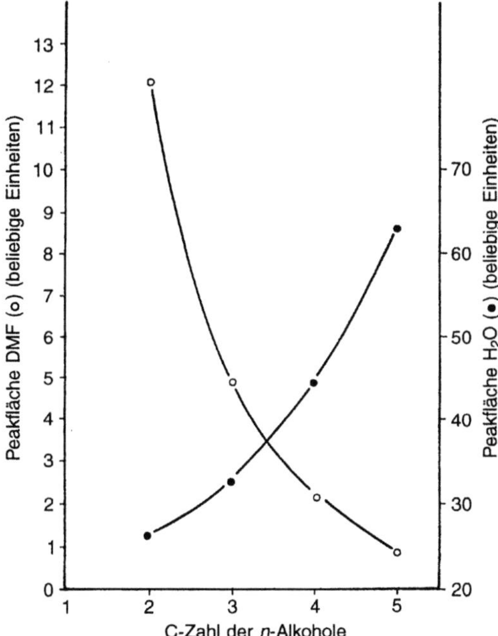

Abb. 29: Peakflächen der C_2-C_5-n-Alkohole in reinem DMF und in reinem Wasser in Abhängigkeit von der C-Zahl

Ausnutzung der relativen Flüchtigkeit

Der Tatsache, daß der Aktivitätskoeffizient bei der Nachweisempfindlichkeit eine entscheidende Rolle spielt, ist es auch zu verdanken, daß manche GC-Spurenbestimmungen besser im Dampfraum als in der flüssigen Phase durchführbar sind. Dies ist dann der Fall, wenn die zu bestimmende Spurenkomponente gegenüber der Hauptkomponente oder anderen Spurenkomponenten im Dampfraum angereichert ist, d.h. wenn die relative Flüchtigkeit (= Trennfaktor α):

$$\alpha_{12} = \frac{p_{o1}}{p_{o2}} \cdot \left(\frac{\gamma_1}{\gamma_2}\right) \tag{16}$$

der Spurenkomponente gegenüber der Hauptkomponente bzw. einer anderen Spurenkomponente » 1 ist. Für einen möglichst großen Effekt muß dabei die Badtemperatur der flüssigen Probe so gewählt werden, daß ein maximaler Dampfdruckunterschied vorhanden ist.

So z.B. bei der Spurenbestimmung von Benzol in Toluol (35), wo die Peakfläche von Benzol im Verhältnis zu Toluol im Dampfraum größer als in der Flüssigphase ist. So wurde Toluol mit 1 % [v/v] Benzol sowohl durch bekanntes Dosieren der flüssigen Probe als auch durch Probenahme aus dem Dampfraum untersucht. Abb. 30 zeigt die Aufnahme des Chromatogrammes nach der flüssigen Dosierung und Abb. 31 gibt das Chromatogramm nach der Dampfraumdosierung wieder.

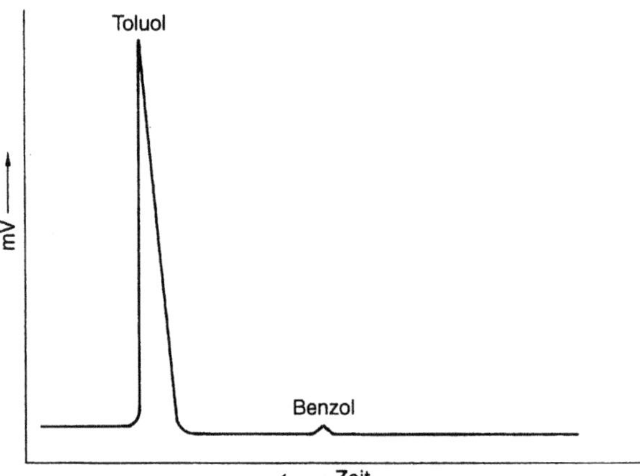

Abb. 30: Gaschromatogramm einer Mischung aus 99 %[v/v] Toluol mit 1 %[v/v] Benzol aufgrund der flüssigen Dosierung

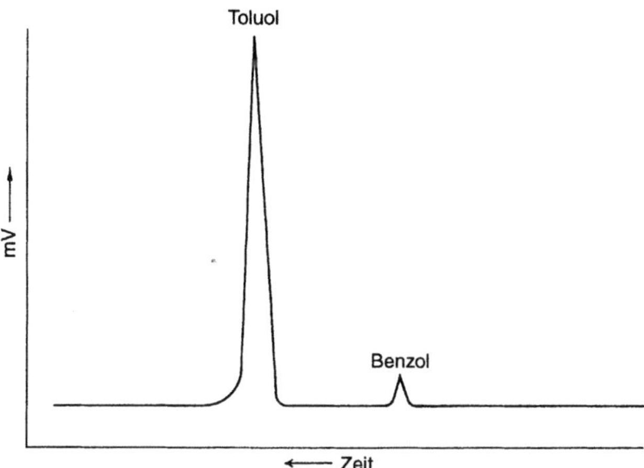

Abb. 31: Gaschromatogramm einer Mischung aus 99 %[v/v] Toluol mit 1 %[v/v] Benzol aufgrund der Dosierung aus der Dampfphase (nach JENTSCH et al., Angew. GC, Part 10, Bodenseewerk Perkin Elmer [1967]

Während aufgrund der Zusammensetzung der Probe das Verhältnis beider Komponenten in der flüssigen Phase 1 : 100 beträgt, ergibt sich aus dem Chromatogramm nach der Dampfraumanalyse ein Verhältnis von 4,3 : 100.

Ein weiteres Beispiel hierfür ist die Bestimmung von je 100 [μg/g] Acetaldehyd, Methylacetat, Ethanol, Diethylether, n-Pentan, Benzol und Aceton in Wasser, deren relative Peakflächen (Aceton = 1,00) aus der Flüssigdosierung mit denen aus dem Dampfraum verglichen sind (Tab. 5).

Tabelle 5: Vergleich der relativen Peakflächen

Substanz	Flüssigdosierung	Dosierung aus dem Dampfraum	$\dfrac{F_{rel} \text{ Dampfraum}}{F_{rel} \text{ Flüssigkeit}}$
Acetaldehyd	0,37	0,5	1,35
Methylacetat	0,58	1,8	3,1
Ethanol	0,1	0,15	0,19
Ether	1,42	13,2	9,3
Pentan	1,8	3,5	1,9
Benzol	2,3	35,5	15,4
Aceton	1,0	1,0	1,0

Aus Tab. 5 geht hervor, daß relativ zu Aceton, die GC-HS-Analyse im Fall von Benzol 15,4mal, bei Ether 9,3mal, bei Methylacetat 3,1mal, bei n-Pentan 1,9mal und bei Acetaldehyd 1,4mal empfindlicher als bei der Flüssigdosierung der Probe ist. Ethanol dagegen ist 0,19mal unempfindlicher nachweisbar bzw. bestimmbar.

Diese Arbeitsweise, bei der natürlich nicht die absolut nachweisbare Menge einer Komponente i in der flüssigen Probe vergrößert wird, sondern nur eine relative Empfindlichkeitssteigerung von i zu einer anderen Komponente im Dampfraum erreicht werden kann, ist bei schlechten gaschromatographischen Trennungen im Fall mancher Spurenanalysen zu empfehlen.

Unterdruck-Methode

Eine weitere Möglichkeit zur Erhöhung der Nachweisempfindlichkeit besteht in der Unterdruck-Dampfraumanalyse z.B. für Wasserinhaltsstoffe (36).

Die Arbeitsweise beginnt mit dem verfälschungsfreien Einbringen von 50 ml Probe in ein evakuiertes 100 ml-Gassammelgefäß. Dieses wird zur Gleichgewichtseinstellung 3 min. bei Raumtemperatur geschüttelt. Danach wird das Gas (50 ml) durch Verdrängen mit Wasser in eine angeschlossene, evakuierte Glaskugel übergeführt und dabei auf ein vorgegebenes Volumen von ca. 1-2 ml reduziert. Je nach Gehalt der Inhaltsstoffe wird in der Kugel ein unterschiedlicher Unterdruck verbleiben. Aus diesem kleinen Gassammelgefäß wird dann über ein evakuiertes Gasprobeneinlaßteil die Probe zur GC-Analyse dosiert.

Bei dem Unterdruckverfahren werden nicht die gesamten Inhaltsstoffe ausgestrippt, sondern es stellt sich auch hier ein Gleichgewicht entsprechend den Partialdrücken der einzelnen Stoffe ein. Da man aber bei diesem Verfahren das Gas von 50 ml auf ein kleines Restvolumen von 1-2 ml komprimiert, erhält man einen Anreicherungseffekt und erhöht damit die Nachweisempfindlichkeit.

Derivatisierung zu leichtflüchtigen Stoffen

Ein elegantes Verfahren zur Analyse von schwerflüchtigen polaren organischen Substanzen in Wasser bestehen in deren Derivatisierung in flüchtigen der HSGC zugänglichen Stoffen.

So lassen sich z.B. Höhere Alkohole, Säuren, Phenole, Diole, Mercaptane, Amine etc. durch bekannte Umsetzungen, z.B. mit DM-Sulfat in die entsprechenden Ether, Ester, Thioether oder Amine umsetzen (37), (38) und so im Dampfraum bestimmen. Da DM-Sulfat unter bestimmten Versuchsbedingungen auch mit Anionen, wie z.B. Fluorid, Chlorid oder Cyanid reagiert, ist dessen Bestimmung durch die statische HSGC möglich (39) geworden.

1.5 Die Möglichkeiten der qualitativen GC-HS-Analyse

Wenn man von einer Identifizierung aufgrund der Messung von Retentionsdaten, die auch in der klassischen GC-Analytik bei unbekannten Proben äußerst fragwürdig ist, absieht, sind die Möglichkeiten der qualitativen Analyse wegen der äußerst geringen Gehalte im Dampfraum sehr begrenzt. Die üblichen Anreicherungsverfahren aus der GC-Gasanalytik (40) können nur zum Teil angewandt werden. Einige solcher Methoden, die vorwiegend auf Microausfriertechniken oder auf der chemischen Sorption beruhen, werden daher bei der dynamischen Methode behandelt.

Ein anderer Weg kann in der bekannten Idendifizierung von Substanzgruppen durch stoffspezifische Detektoren (41) oder mit Hilfe chemischer Reaktionen in der flüssigen Phase des Dampfraumgefäßes (42) bestehen. So können Ketone mit saurer Hydroxylaminlösung, Schwefelverbindungen mit Quecksilberchlorid und Ester mit alkalischer Hydroxylaminlösung aus dem Dampfraum entfernt werden, wie z.B. bei der Bestimmung funktioneller Gruppen in leichtflüchtigen Stoffen aus Milchprodukten (43) oder Geruchskomponenten über Muschelfleisch während der Unterdrucklagerung (44). Dabei zeigt sich, daß neben einigen ungesättigten Kohlenwasserstoffen, Aldehyden, Ketonen und Schwefelverbindungen, Dimethylsulfid die dominante Komponente im Dampfraum und als Ursache für den typischen Muschelgeruch verantwortlich zu machen ist. Die Sulfide werden im wäßrigen Anreicherungskonzentrat aus Muschelfleisch durch Reaktion mit $HgCl_2$ im Dampfraumgefäß zurückgehalten und so identifiziert (Abb. 32).

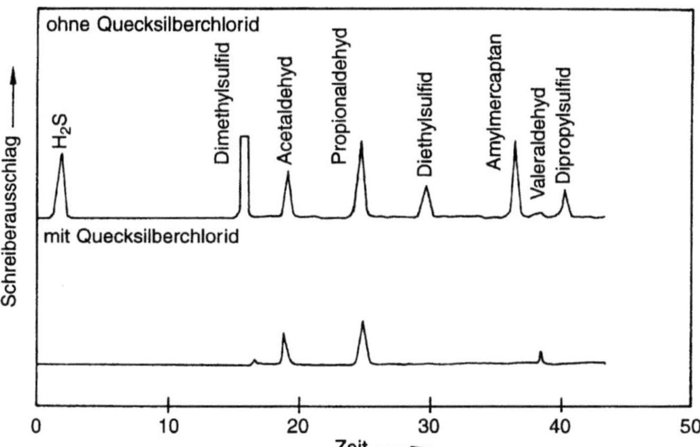

Abb. 32: Eliminierung von Sulfiden aus wäßrigen Extrakt von Muschelfleisch durch Reaktion mit $HgCl_2$ (nach J. M. Mendelsohn et al., Food Technol. 22, 1162, [1968])

Diese relativ begrenzten Möglichkeiten im Dampfraum in einem abgeschlossenen System sind der Grund, warum bei der statischen Methode die Identifizierung von Spurenkomponenten lange Zeit sehr erschwert bzw. unmöglich war.

Dieses Handikap ist seit jüngster Zeit jedoch durch die Verfügbarkeit leistungsfähiger GC/MS-Systeme, sogenannter „massenselektiver Detektoren" (MSD) weitgehend beseitigt.

Hierbei werden die Meßtechniken SCAN und SIM (Selected Ion Monitoring) eingesetzt. In der SCAN-Technik wird von der Probe ein Totalionenstromchromatogramm (TIC) aufgenommen, dessen Peaks anhand ihrer Spektren durch Bibliotheksvergleich identifiziert werden können. Die SIM-Technik benutzt dagegen ausgewählte signifikante Massen der Substanzspektren und zeichnet Massenchromatogramme auf. Diese dienen, basierend auf den Daten: Retentionszeit, Massenzahl und dem Verhältnis von Massenzahl zu Intensität, ebenfalls sowohl zur Substanzidentifizierung als auch zur Quantifizierung.

So lassen sich z.B. nach eigenen Versuchen noch mühelos [200 μg/kg] Perchlorethylen in Wasser durch die SCAN-Methode identifizieren und mit SIM sogar [20 μg/kg] und weniger nachweisen und quantitativ bestimmen.

Die folgende Abb. 33 zeigt das Gaschromatogramm des Totalionenstromes sowie das Massenspektrum von 200 [μg/kg] Tetrachlorethylen und Abb. 34 den Vergleich mit der Bibliothek.

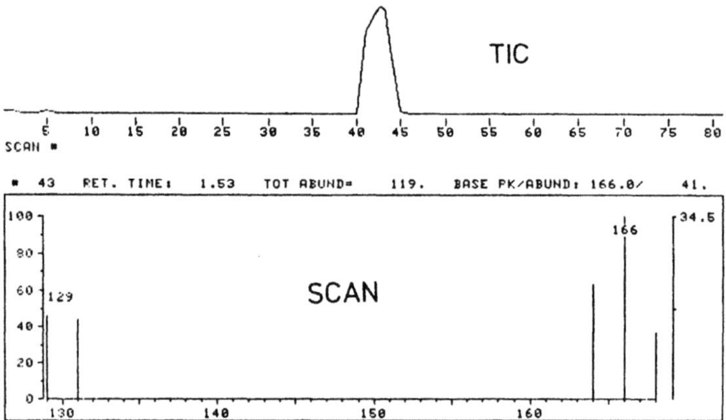

Abb. 33: Totalionenstromsignal und Massenspektrum von 200 [μg/kg] Perchlorethen in H$_2$O (nach J. SCHULZ, MSD Application Note, Hewlett Packard GmbH, Waldbronn 2 [1987])

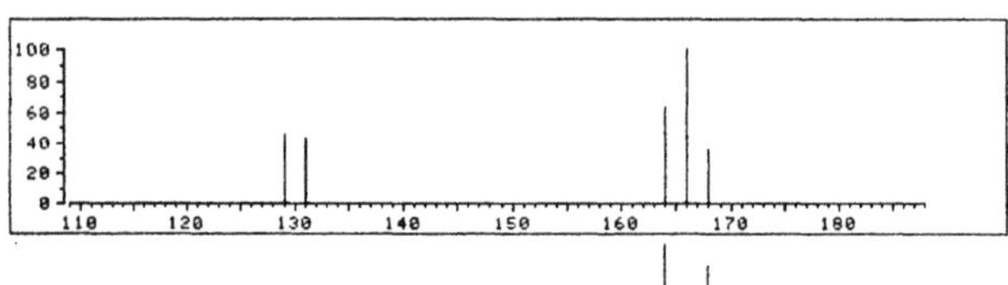

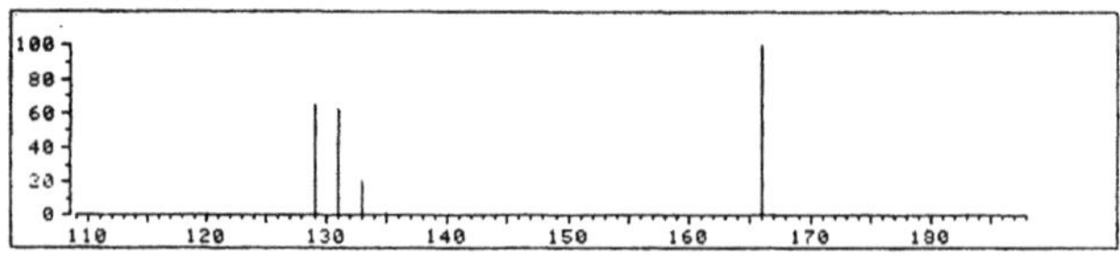

Abb. 34: Bibliotheksvergleich von 200 [μg/kg] Perchlorethylen in H$_2$O (nach J. SCHULZ wie Abb. 33)

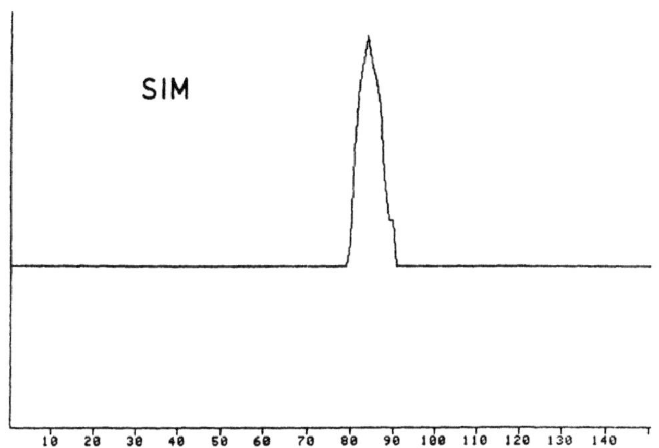

Abb. 35: SIM-Signal von [20 μg/kg] Perchlorethen in H_2O (nach J. SCHULZ wie Abb. 33)

Analysenbedingungen zu den Abb. 33-35:

Gerät:	GG/MS 5985 B; GC 5840 A, Fa. Hewlett Packard
	mit Headspace-Probengeber HSS 3950, Fa. DANI
Bad-Temperatur:	70 °C
Druckaufbau:	50 sec.
Dosierzeit:	15 sec., mit 1 ml Probenschleife
Trägergas:	He
Trennsäule:	25 m SE 54, Kapillare, splitlos
Trenntemperatur:	80 °C, isotherm
MS:	SCAN MS-Tuning File 1000.0
Runtime:	2 min.
Temp. Ionenquelle:	200 °C
Elektronenmultiplier:	1600 V

Ein anderes Beispiel für die Leistungsfähigkeit kleiner Quardrupolgeräte ist die Ermittlung von Nachweisgrenzen sowie die Quantifizierung von Spuren Dichlormethan in Wasser im Bereich von 2,4-92 [μg/kg] nach der SIM-Methode (vgl. Abb. 36) (45), wobei eine Nachweisgrenze von 2 [μg/kg] angenommen werden kann, wie das im SIM-Betrieb aufgenommene Chromatogramm einer Grundwasserprobe, die ferner noch Trichlor- und Tetrachlorethan enthält, belegt (vgl. Abb. 37).

Das letzte Beispiel zeigt schließlich den Nachweis verschiedener Chlorkohlenwasserstoffe im Bereich 1 [μg/kg] in einer Rheinwasserprobe (Abb. 38).

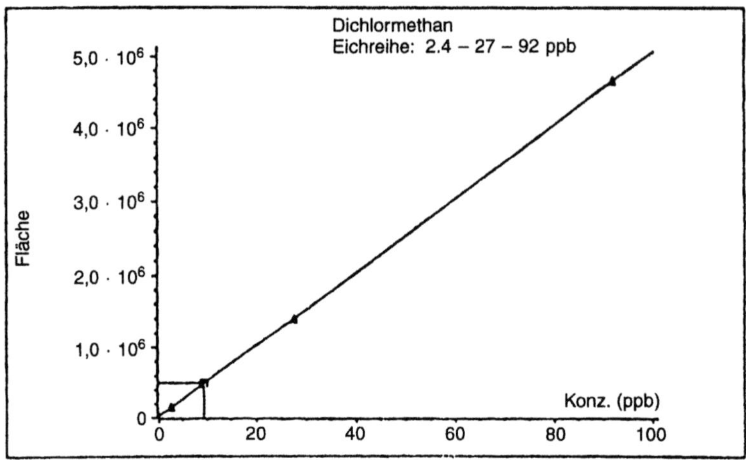

Abb. 36: Mehrpunkteichung nach der SIM-Methode (nach J. SCHULZ wie Abb. 33)

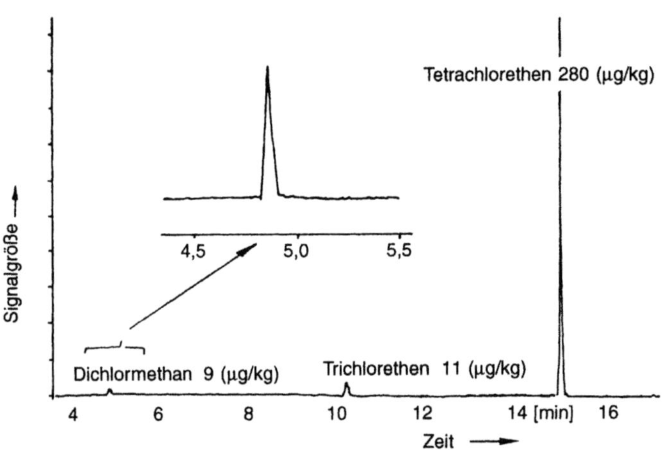

Abb. 37: HS-Analyse einer Grundwasserprobe nach SIM (nach J. SCHULZ wie Abb. 33)

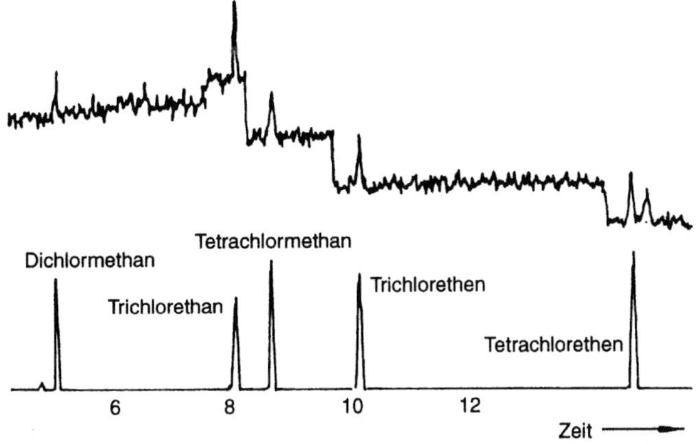

Abb. 38: Prüfung einer Rheinwasserprobe, SIM-Methode (nach J. SCHULZ wie Abb. 33)

Analysenbedingungen zu den Abb. 36-38:

Gerätesystem:	Headspace-Probengeber, HP 1939B A
	Gaschromatograph, HP 5890 A, Kapillareinlaß
	für Split/Splitlos-Injektion
	Massenselektiver Detektor (MSD), HP 5970 B
	Direkt Interface, Workstation HP 9000 S 310,
	Thinkjet Printer
GC-Parameter:	
Säule:	HP 5, 19091 J-215
Phase:	5 % Phenylmethylsilikon (SE 54)
	Filmdicke, 1,0 μm,
Innendurchmesser:	0,3 mm
Länge:	50 m
Trägergas:	Helium,
Vordruck:	0,3 bar
Temperaturen:	Injektor 250 °C
	Interface 250 °C
Temperaturprogramme:	40 °C (3 min) - 65 °C (5 °/min) - 120 °C (8 °C/min)

Hiermit ist gezeigt, daß nun auch die statische Methode, insbesondere wenn man noch zusätzlich die Methode der Kryofokussierung mit PTV-Injektion anwendet, in Spurenbereiche Eingang findet, die bisher den dynamischen Methoden vorbehalten waren. Die HS-Probenaufgabe ist dabei instrumentell zuverlässig und mit der MSD-Software automatisierbar. Die MSD-Detektion gewährleistet eine zweifelsfreie Substanzidentifikation bis in [μg/kg] Bereiche.

Bei solchen spurenanalytischen Aufgaben ist es ferner, wie wiederholt eigene Erfahrungen zeigten, ein sehr großer Vorteil, wenn der Headspace-Probengeber nicht starr mit dem Analysengerät verbunden ist, sondern je nach Bedarf, z.B. beweglich auf einem Wagen, einfach und schnell an jedem GC mit selektivem Detektor einsetzbar ist; qualitative und quantitative Aussagen sind auf diesem Wege, insbesondere zeitlich, optimal integrierbar.

Trotz allem bedingt, wie eigene Versuche zeigten, die Matrixabhängigkeit der statischen Methode, daß bei ihr keine generellen Voraussagen über Identifizierungs-, Bestimmungs- und Nachweisgrenzen möglich sind. Dies zeigt z.B. der folgende Vergleich zwischen Spuren Perchlorethen und Aceton in Wasser, der um 3 Zehnerpotenzen entsprechende Unterschiede zeigt (Tab. 6).

Tabelle 6: Identifizierungs-, Bestimmungs- und Nachweisgrenzen für Perchlorethylen und Aceton durch SCAN und SIM

MS-Methode	Perchlorethan	Aceton
~ Identifizierungsgrenze durch SCAN	200[μg/kg]	200[μg/g]
~ Bestimmungsgrenze durch SCAN	20[μg/kg]	20[μg/g]
~ Nachweisgrenze durch SIM	2[μg/kg]	2[μg/g]

1.6 Anwendungsbeispiele aus der Praxis

Das Aufgabengebiet der HS-GC-Analytik bezieht sich vorwiegend auf Spurenbestimmungen von flüchtigen Stoffen in solchen Proben, die durch die übliche GC-Analytik schwer oder nicht zu bearbeiten sind. Es handelt sich dabei um flüssige und feste Stoffe sowie um Mischtypen, die im Hinblick auf die Durchführung der quantitativen Analyse und deren Aussagewert individuell zu behandeln sind. Eine diesbezügliche Unterteilung kann wie folgt getroffen werden:

Gruppe I   Flüssige homogene Proben.

Beispiel: Abwasser, Trinkwasser, Getränke, Spirituosen, Pflanzenöle, Mineralöle etc.

Gruppe II   Inhomogene Proben, die aus einer Flüssigkeit und einem Feststoff bestehen.

Beispiel: Blut, Milch, Kunststoffdispersionen etc.

Gruppe III   Feste Stoffe, die klar in einem Lösungsmittel löslich sind.

Beispiel: Lösliche Polymere, anorganische Salze etc.

Gruppe IV   Feste, in Lösungsmitteln unlösliche Proben

Beispiel: Unlösliche Polymere und Kunststoffe allgemein, Lebensmittel, Früchte, Tabak, Gewürze etc.

Gruppe I – Flüssige homogene Proben
(Auswertung nach matrixabhängigen Verfahren, Kapitel 1,3, Gleichungen (6-9))

Flüchtige Stoffe in Wasser

Eine wichtige Aufgabe der GC-Spurenanalyse ist die Bestimmung von flüchtigen Spurenkomponenten in Trink- und Abwasser. Die Schwierigkeiten solcher Analysen, die bei der klassischen GC auftreten, wie z.B. die Überladung von Trennsäule und Detektor durch die Hauptkomponente Wasser sowie das Auftreten von Memoryeffekten sind jedem Praktiker bekannt. Diese sind bei der HS-GC-Analyse weitgehend ausgeschaltet, da hier, je nach Temperatur der wäßrigen Probe, höchstens ca. 2 - 4 % [v/v] Wasserdampf auf die Trennsäule und in den Detektor gelangen.

Grundlegende Arbeiten (46) bei der HS-GC-Analyse wäßriger Phasen, auf Spuren Alkohole, Ketone, Aldehyde, Ester und Sulfide im Bereich von 0,01 - 10 [μg/g] in Wasser, zeigen eine lineare Abhängigkeit zwischen Peakhöhe und Konzentration (vgl. Abb. 39).

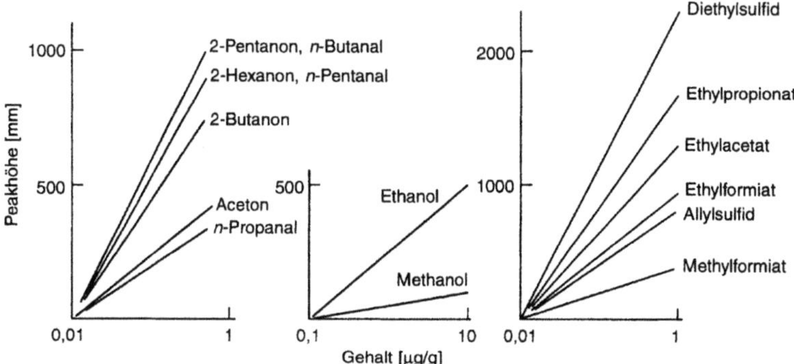

Abb. 39: Abhängigkeit der Peakhöhen von den Konzentrationen verschiedener organischer Substanzen in Wasser (nach ÖZERIS und BASETTE, Anal. Chem. **35**, 1091 [1963])

Die unterschiedlichen Neigungen der Geraden in Abb. 39 hängen von der Substanzklasse ab und sind bestimmend für deren Erfassungsgrenze, wobei, mit Ausnahme der Alkohole, die meisten dieser Komponenten bis 0,01 [μg/g] nachweisbar sind. Durch Zugabe organischer Salze lassen sich, wie bereits besprochen, die Bestimmungsgrenzen noch weiter herabsetzen. So z.B. durch Natriumsulfat im Fall von Carbonylverbindungen (47). Andere Arbeiten erreichen diesen Effekt durch Zugabe von Ammoniumsulfat oder Kochsalz bis zur Sättigung der mit Wasser verdünnten Probe um das 7fache. Die Einstellung der Dampfdruckgleichgewichte erfolgt dabei unter Rühren der Lösung bei konstanter Temperatur (48). Auch hier wird eine lineare Abhängigkeit der Peakhöhen zur Menge verschiedener Alkohole und Ester bei Verwendung eines inneren Standards erhalten. Durch Zugabe von Kaliumcarbonat kann z.B. eine wesentliche Steigerung für den Nachweis von tertiärem Butanol in wäßriger Lösung erreicht werden (49). Als Nachweisgrenze ist 0,05 [μg/g] angegeben.

Durch Kombination der Aussalzmethode mit Anreichungsverfahren lassen sich Nachweise bis in den Bereich von 10^{-9} % führen (50). Folgende Tabelle 7 gibt diesbezügliche Nachweisgrenzen von Lebensmittelgeruchsstoffen in Wasser wieder.

Tabelle 7: Nachweisgrenzen einiger Lebensmittelgeruchsstoffe in Wasser in Abhängigkeit von Salzart und Salzkonzentration (50)

Substanz	Salzlösung (bezogen auf 100 ml H_2O)	Nachweisgrenze (% m/m)
Pentanon-2	45 g Na_2SO_4, 0,71 g KH_2PO_4, 1,42 g Na_2HPO_4, 2 H_2O	6×10^{-8}
Hexanal	"	5×10^{-8}
i - Amylalkohol	"	8×10^{-7}
Limonen	"	7×10^{-9}
Hexylacetat	"	2×10^{-8}
Dipropyldisulfid	"	2×10^{-8}
Trimethylamin	45 g Na_2SO_4, 0,4 g NaOH,	5×10^{-8}
Trimethylamin	100 g NaOH	6×10^{-9}

Durch diese geringen Nachweisgrenzen ist es möglich, Spuren von Lebensmittelgeruchsstoffen in Haushaltskühlschränken nachzuweisen, die bei gemeinsamer Lagerung verschiedener Lebensmittel von dem einen auf das andere Lebensmittel übergehen. Folgende Abb. 40 zeigt die HS-Chromatogramme einer Wasserprobe, die in einem Haushaltskühlschrank einige Minuten verschiedenen Lebensmittelgeruchsstoffen ausgesetzt war.

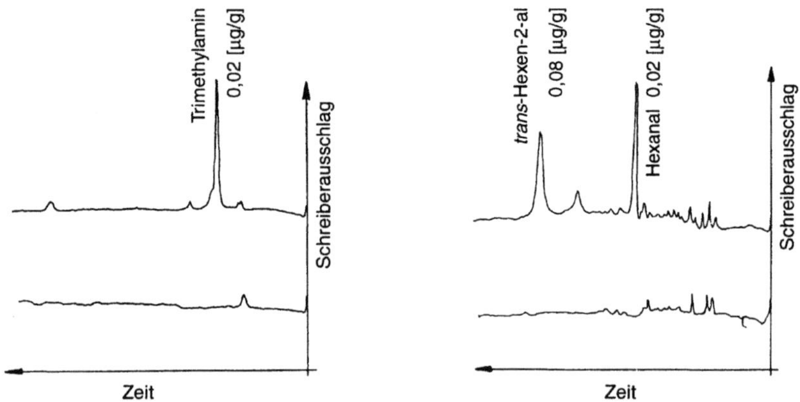

Abb. 40: Dampfraumanalyse von Wasser, das in einem Kühlschrank zusammen mit Kabeljaufilet (A) und geraspelten Äpfeln (B) aufbewahrt war (nach M. GOTTAUF, Z. Anal. Chemie, **218**, 175, [1966])

Der Nachweis des Trimethylamins wurde durch eine saure Na_2SO_4-Lösung (Diagramm A) und der der beiden Aldehyde durch Hydroxylammonsulfat (Diagramm B) geführt. Weitere Beispiele für die Wasseranalyse sind die Bestimmung von Chlordane (51) sowie von Dichlormethan, Cyclohexan und Chloroform bis in den Bereich von ca. 0,1 [µg/g] (52).

Lösungsmittelspuren, die aus Schutzanstrichen von Trinkwasserbehältern in das Trinkwasser gelangen können, lassen sich ebenfalls mit ausgezeichneter Empfindlichkeit bestimmen (vgl. Tabelle 8) (20).

Tabelle 8: Bestimmungsgrenzen für einzelne Lösungsmittel in Trinkwasser

Lösungsmittel:	$[\mu l/l]$
Methanol	6,5
Ethanol	4,5
Aceton	0,3
Benzol	0,5
Toluol	1,0
Trichlorethylen	2,5
Vergaserkraftstoff	20

Spurenkomponenten in alkoholischen Getränken

Die Beeinflussung des Dampfdruckgleichgewichtes durch Verminderung der Löslichkeit, wie z.B. durch Aussalzen, im Fall wäßriger Lösungen, geschieht natürlich auch durch andere in der Probe vorhandene Komponenten, worauf man bei der Analyse von Alkoholika zu achten hat. Schwanken diese in der Konzentration von Probe zu Probe stark, so kann dies Schwierigkeiten bei der quantitativen Auswertung hervorrufen. So beeinflussen z.B. große Mengen Ethanol die Löslichkeit und damit den Dampfdruck anderer Verbindungen, die in geringer Konzentration vorliegen. Abb. 41 zeigt diese Beeinflussung durch Ethanol bei der Bestimmung von Fuselalkoholen und Estern.

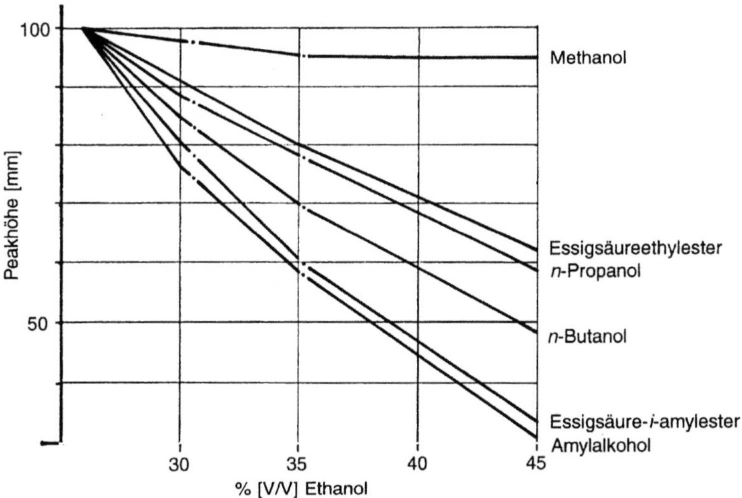

Abb. 41: Peakhöhen einiger Alkohole und Ester in Abhängigkeit von der Ethanolkonzentration (nach MIETHKE, Deutsche Lebensmittelrundschau **65**, 379 [1969] Abb. 13)

Im Fall hochprozentiger Alkoholika empfiehlt es sich daher, diese mit Wasser auf ca. 20 % zu verdünnen. Auf diese Weise kann z.B. 2-Methylpropanol-1 im Konzentrationsbereich von 0,01 bis 0,03 % [v/v] mit einer Genauigkeit von ± 10 % rel. und Methanol im Bereich von 0,06 bis 0,24 % [v/v] mit 8 % rel. bestimmt werden. Den gleichen Effekt wie Ethanol verursachen z.B. auch große Mengen Kohlendioxid, was bei der Dampfraumanalyse von Bier und Limonade zu berücksichtigen ist. Wie diesbezügliche Versuche zeigen, sind z.B. die Peakhöhen für i-Amylacetat, i-Butanol und i-Amylalkohol in wäßrigen Lösungen kleiner als in Bier. Andere Verbindungen dagegen sind von den vorher erwähnten Einflüssen weniger betroffen. So hat z.B. Ethylcapronat in Wasser und in Rum die gleiche Peakhöhe. Dies zeigt, wie diffizil und zeitraubend die quantitative Dampfraumanalyse sein kann, da sie für jedes zu analysierende Produkt eine spezielle Behandlung erfordert. So hat beispielsweise die Kalibrierung zur quantitativen Bestimmung von Gärungsnebenprodukten in Bier in der nichtentkohlensäuerten Bierprobe zu erfolgen. Die dabei erzielte Reproduzierbarkeit bei der Bestimmung von Acetaldehyd, Ethylacetat, n-Propanol, i-Butanol, i-Amylacetat und der Amylalkohole zeigt folgende Tabelle 9 (53).

Tabelle 9: Reproduzierbarkeit bei der Bestimmung von Gärungsnebenprodukten (nach MÄNDL et al., Brauwiss., **22**, 477, [1969] Tab. 1)

Analyse	[mg/l] a	[mg/l] b	[mg/l] c	[mg/l] d	[mg/l] e	[mg/l] f
1	10,0	24,8	10,5	13,2	1,88	65,0
2	10,2	24,8	11,3	13,3	1,86	64,6
3	10,7	26,0	12,0	14,3	2,00	67,5
4	11,1	25,6	11,3	14,2	1,94	67,0
5	11,8	25,0	11,1	14,0	1,90	65,2
6	11,5	26,4	12,2	14,4	2,02	68,7
7	11,2	25,6	12,0	13,6	2,04	66,0
8	12,0	26,1	10,2	14,1	2,06	67,5
9	12,2	25,9	10,3	13,7	2,02	66,5
10	14,7	26,6	10,7	14,3	2,04	68,0
Mittelwerte	11,3	25,7	11,2	13,9	1,98	66,0

Der mittlere Fehler des Mittelwertes in % beträgt nach den Ergebnissen der Tabelle 9 für Acetaldehyd (a) ± 2,4, für Ethylacetat (b) ± 0,8, für n-Propanol (c) ± 3,1, für i-Butanol (d) ± 1,1, für i-Amylacetat (e) ± 1,2, für Amylalkohole (f) ± 0,8.

Abb. 42 zeigt das Dampfraumchromatogramm einer Bierprobe.

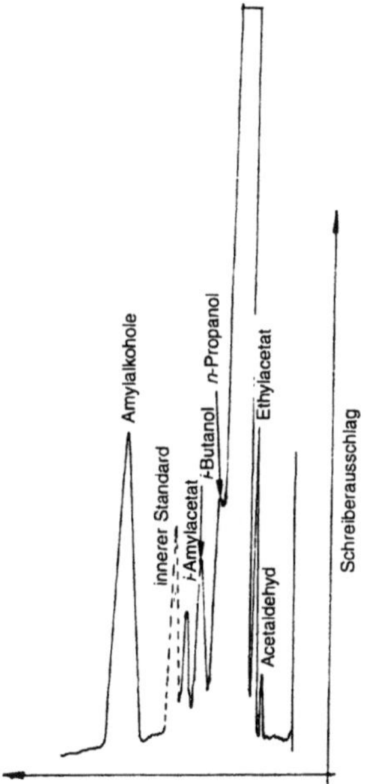

Abb. 42:
Dampfraumgaschromatogramm einer Bierprobe zur Bestimmung von Gärungsnebenprodukten (53) (nach MÄNDL et al., Brauwiss., **22**. 477, [1969])

Bei der Bestimmung von Ketonen, wie Diacetyl und Pentandion-2,3 in Bier, ergibt die Dampfraumanalyse mit dem ECD gleich gute Resultate wie die spektralphotometrische Methode. Dies zeigt folgender Vergleich einer Diacetylbestimmung in verschiedenen Biersorten (Tabelle 10).

Tabelle 10: Vergleich der Dampfraumanalyse mit der spektralphotometrischen Methode bei der Bestimmung von Diacetyl in verschiedenen Biersorten (nach MÄNDL wie Abb. 42)

Biersorte:	HSGC [mg/l]	spektralphotometrisch [mg/l]
Hell-Lager	0,068	0,06
Pilsener	0,044	0,04
Hell-Export	0,072	0,07
Dunkel-Export	0,094	0,08
Weizen	0,095	0,05
Hell-Stark	0,046	0,07
Dunkel-Stark	0,044	0,04

Aufgrund von Retentionsdaten können folgende 29 Stoffe im Bier, wie folgt angesprochen werden: Dimethylsulfid, Acetaldehyd, Formaldehyd, Ethylformiat, Aceton, Ethylacetat, Methanol, Ethanol, i-Propanol, Ethylpropionat, Diacetyl, sec. Butanol, i-Butylacetat, n-Propanol, Ethylbutyrat, 3-Pentanol, i-Butanol, 2-Methylbutanol-2, i-Butyl-i-Butyrat, i-Amylacetat, n-Butanol, Myrcen, i-Amylalkohol, Ethylcapronat, n-Pentanol, Hexylacetat, Acetoin, Ethylacetat und Ethylcaprylat (54).

Durch Fingerprint-Chromatogramme von belichtetem Bier wird der Einfluß von Sonnenlicht und der des Lichtes von Leuchtstofflampen auf den sogenannten Lichtgeschmack (sunstruck flavor) untersucht, wobei der Einfluß der Farbe der Bierflasche eine Rolle spielt (55). Auch die Haltbarmachung hefehaltiger Bierproben durch pasteurisieren (56) sowie die Änderung der Aromastoffzusammensetzung (57) durch Tempern läßt sich durch die Dampfraumanalyse der Aromastoffe vor und nach diesen Behandlungen auf schnelle Weise charakterisieren.

Die Oxidation aliphatischer Aminosäuren in Bierwürze durch Ninhydrin zu den entsprechenden Aldehyden wird auf gleiche Weise untersucht (58).

Als weiteres Beispiel für die HS-GC-Analyse zur Bestimmung flüchtiger Bestandteile in Bier ist die von Mycren, Alkoholen, Estern und Carbonylverbindungen zu nennen (59).

Verschieden Arten von Spirituosen, wie Kirschwasser, Branntwein, Birnenlikör, Cognac, Eierlikör etc. zeigt die qualitativ HSGC im Hinblick auf Fuselalkoholanteile, Typenbeurteilung und Verfälschungen (20). An dieser Stelle sind ferner die Bestimmung von Aromabestandteilen in Rum (60) sowie die von Ethanol in Zitronensaft (61) zu nennen.

Die Bestimmung von Benzinanteilen in Motoröl

Als schnelle und elegante Prüfmethode bietet sich die Dampfraummethode bei der Kontrolle von Motorölen auf Benzinbestandteile an (62), wie der Vergleich von einem ungebrauchten Motoröl (Chromatogramm A) zu einem gebrauchten (Chromatogramm B) zeigt (Abb. 43).

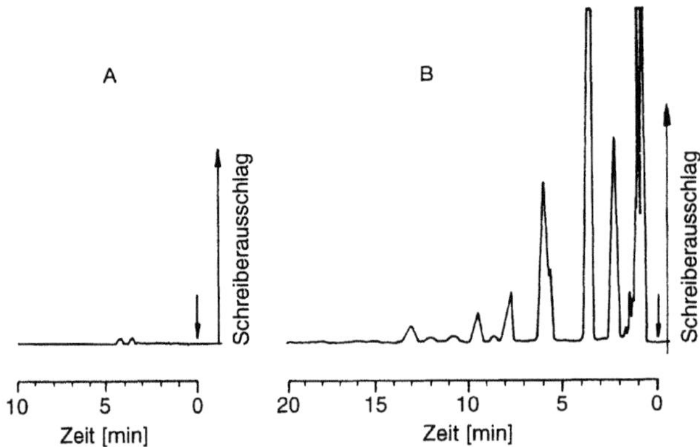

Abb. 43: Analytische Charakterisierung eines ungebrauchten (A) und eines gebrauchten Motoröls (B) durch die Dampfraummethode (nach B. KOLB et al., Angew. Chrom. Part 11 - 11E, Bodenseewerk Perkin Elmer, [1968])

Die selektive Bestimmung von Vinylchlorid in Speiseöl

Als weiteres Beispiel für die gaschromatographische Dampfraumanalyse flüssiger homogener Proben sei die Möglichkeit des selektiven Nachweises und der quantitativen Bestimmung von Vinylchlorid in Speiseöl, das in PVC-Behältern gelagert wird, aufgeführt (63), wobei das Massenspektrometer als Detektor nach der Methode der festen Masseneinstellung benutzt wird. Die Voraussetzung dafür ist, daß der Molekular-Peak sehr ausgeprägt ist, so daß dieser hierfür ausgewählt werden kann. Dies ist bei Vinylchlorid, dessen selektiver Nachweis in Lebensmitteln von größter Bedeutung ist, der Fall, wie das Massenspektrum in Abb. 44 zeigt.

Abb. 44: Massenspektrum von Vinylchlorid

Abb. 45 zeigt die selektive Bestimmung einer Testmischung von 0,1 [μg/g.] VC in Speiseöl, wobei das Massenspektrometer auf die Masse 62 (Molekularpeak von VC) eingestellt ist.

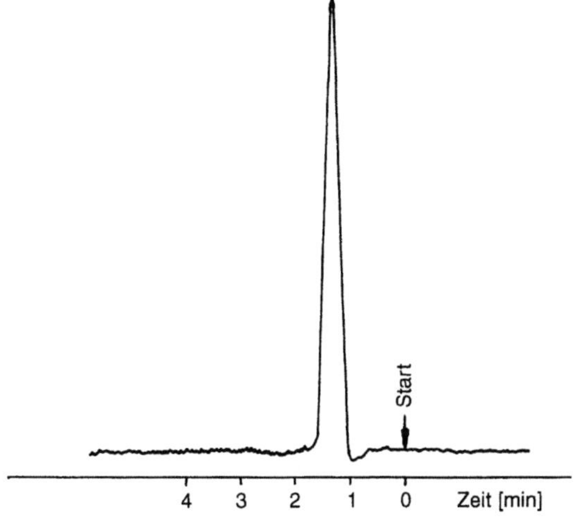

Abb. 45:
Die Bestimmung von 0,1 [μg/g] VC in Speiseöl mit dem MS als Detektor

Gruppe II – Inhomogene Proben, die aus einer flüssigen und einer festen Phase bestehen

Während bei Gruppe I ein noch überschaubares 2-Phasen-System flüssig/gasförmig vorliegt, hat man es hier mit den Vorgängen der Stoffübergänge innerhalb von 3 Phasen: Feststoff - Flüssigkeit - Gas zu tun. Wenn möglich, sollte man daher grundsätzlich versuchen, solche Proben in einem geeigneten Lösungsmittel klar zu lösen. Dies ist z.B. bei wäßrigen Kunststoffdispersionen möglich; die Auswertung kann dann wie bei Gruppe I erfolgen. Schwieriger gestaltet sich diese Aufgabe jedoch bei Naturprodukten, wie z.B. Blut, Serum, Milch etc., die äußerst schwierig oder nicht in klare Lösungen überführbar sind. Für die quantitative Analyse solcher Produkte muß ihre Matrix in reiner Form verfügbar sein, wenn nicht, ist man auf die matrixunabhängigen Auswerteverfahren (vgl. Kapitel 1.3, Gleichungen (10-15)) angewiesen.

Restmonomere und andere Spurenkomponenten in Kunststoffdispersionen

Die Bestimmung von Butylacrylat, Butylpropionat und Styrol in wäßrigen Dispersionen auf Styrol-Acrylat-Basis (63):
     Die Kenntnis der Menge monomerer Rückstände in wäßrigen Kunststoffdispersionen ist im Hinblick auf deren Stabilität und auch auf deren Geruch bei der Verarbeitung solcher Produkte bedeutungsvoll. Die übliche gaschromatographische Analyse dieser Proben auf Begleitstoffe ist mit vielen Schwierigkeiten behaftet, da neben einem Feststoff, dem Polymeren, viel Wasser anwesend ist. Neben anderen Arbeitstechniken, wie Isolierung der Begleitstoffe durch Wasserdampf- oder azeotrope Destillation, Ausspülen der zu bestimmenden Verunreinigungen aus einer Vorsäule auf die GC-Trennsäule oder Entfernung des Wassers durch chemische Reaktionen mit Essigsäureanhydrid, Dimethoxipropan etc. (30), wird meist noch die direkte Dosierung der wäßrigen Dispersion mit Injektionsspritzen vorgenommen. Die Probe muß dazu im Verhältnis 1 : 1 mit Wasser oder einer Aceton-Wasser-Mischung verdünnt werden. Diese Arbeitsweise hat neben der Gefahr der Entmischung und der Schwierigkeit der Zugabe eines inneren Standards noch folgende Nachteile:

I. Der Feststoff verbleibt im Verdampferteil des Gaschromatographen. Ein häufiges Auswechseln des Glasinserts ist bei sauberer Arbeitsweise unumgänglich. Dies erfordert Zeit.

II. Die Spritzendosierung bei einem 2-Phasen-System, nämlich Polymeren und Wasser, ist ein Notlösung, da nicht mit internem Standard gearbeitet werden kann. Die quantitative Analyse erfolgt deswegen hierbei nach der externen Standardmethode durch reproduzierbare Dosierung und Vergleich mit einer entsprechenden Testmischung. Grundsätzlich birgt diese, gegenüber der inneren Standardmethode, insbesondere bei Mehrphasensystemen, die größere Fehlermöglichkeit.

III. Das bei der bisher üblichen Arbeitsweise meist verwendete Temperaturprogramm hat eine schlechte Null-Linie zur Folge. Außerdem verursachen die miteluierten relativ großen Wassermengen (ca. 50%) unkontrollierbare Memory-Effekte, was gerade bei Spurenbestimmungen nachteilig ist.

Bei der HS-GC-Analyse der klaren Lösung dieser Dispersion in DMF entfallen diese Schwierigkeiten. Dafür treten jedoch andere auf. So muß z.B. das Lösungsmittel gaschromatographisch rein sein, d.h. es darf keine Fremdstoffe enthalten, die die Bestimmung der Spurenkomponenten im Chromatogramm überlappen. Das gleiche gilt für den Lösungsmittelpeak. Die Suche nach einem geeigneten Lösungsmittel, das beide Forderungen erfüllt, ist daher oft mühsam und zeitraubend.

Ferner ist zu berücksichtigen, daß bei der quantitativen Analyse solcher Proben die relativen Flüchtigkeiten (vgl. Gleichung (16)) und damit die zu bestimmenden Konzentrationen im Dampfraum in erster Linie durch das Lösungsmittel beeinflußt werden. Grundsätzlich hat man es hier mindestens mit einem 7-Komponenten-System, wie folgt zu tun:

(1)   Butylacrylat

(2)   Butylpropionat

(3)   Styrol

(S)   Standardsubstanz (n-Butylbenzol)

(4)   DMF (Lösungsmittel)

(5)   Wasser

(6)   gelöstes Polymeres

Die relativen Flüchtigkeiten der zu bestimmenden Stoffe zur Standardsubstanz im Gesamtgemisch sind dann definiert durch:

$$\alpha_{1S} = \frac{P_{o1}}{P_{oS}} \left(\frac{\gamma_1}{\gamma_S} \right)_{123S456}$$

$$\alpha_{2S} = \frac{P_{o2}}{P_{oS}} \left(\frac{\gamma_2}{\gamma_S} \right)_{123S456}$$

$$\alpha_{3S} = \frac{P_{o3}}{P_{oS}} \left(\frac{\gamma_3}{\gamma_S} \right)_{123S456}$$

Da jedoch die Stoffe 1 2 3 5 und 6 sowie S gegenüber Stoff 4 in äußerst geringer Konzentration vorliegen, gilt:

$$\alpha_{1S} = \frac{P_{o1}}{P_{oS}} \left(\frac{\gamma_1}{\gamma_S} \right)_{1S \infty 4}$$

$$\alpha_{2S} = \frac{P_{o2}}{P_{oS}} \left(\frac{\gamma_2}{\gamma_S} \right)_{2S \infty 4}$$

$$\alpha_{3S} = \frac{P_{o3}}{P_{oS}} \left(\frac{\gamma_3}{\gamma_S} \right)_{3S \infty 4}$$

d.h. die relativen Flüchtigkeiten werden für die praktische Durchführung der Analyse nur vom DMF bestimmt. Evtl. sind die diesbezüglichen Einflüsse des gelösten Polymeren (6) und des Wassers (5), die in der vorliegenden Dispersion im Verhältnis 1 : 1 anwesend sind, noch bei der Kalibrierung zu berücksichtigen. Hierbei ist der Wassergehalt des Lösungsmittels konstant; derjenige, der aus der Einwaage der wäßrigen Dispersion resultiert, jedoch nicht. Da wäßrige Dispersionen nur äußerst schwierig genau und reproduzierbar einzuwiegen sind, schwankt daher dieser Wassergehalt ein wenig von Probe zu Probe. In Abb. 46 ist der dabei in Frage kommende Meßbereich von 3 - 3,6 %[m/m] Wasser wiedergegeben (senkrecht gestrichelte Linie), woraus im ungünstigsten Fall jedoch nur ein Fehler von 2% relativ resultieren kann.

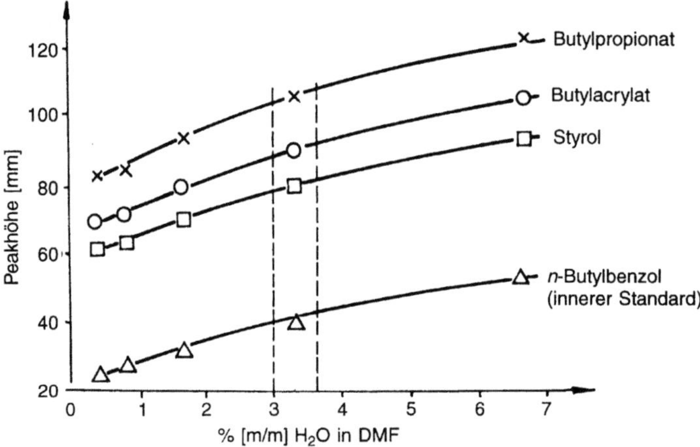

Abb. 46: Abhängigkeit der Peakhöhen (in mm) von Butylacrylat, Butylpropionat, Styrol und n-Butylbenzol (Standard) vom Wassergehalt des DMF in % [m/m] (Konzentration der 4 Komponenten jeweils 2 mg/3 ml DMF)

Aus Abb. 46 geht nebenbei hervor, daß die Nachweisempfindlichkeit dieser Bestimmung durch größere Wassergehalte verbessert werden kann; allerdings muß dann schon mit dem Ausfallen des gelösten Polymeren gerechnet werden. Der entsprechende Einfluß des Polymeren muß dabei auf gleiche Weise untersucht werden. Dabei wird festgestellt, daß dieser nur ein Fehler von < 1% rel. verursacht.

Abb. 47 zeigt schließlich das Gaschromatogramm der GC-Dampfraumanalyse des vorgenannten Produktes. Die Standardabweichung (s) dieser Bestimmung beträgt 0,013 bei 0,078 % [m/m] Styrol; 0,07 bei 0,63 % [m/m] Butylacrylat; 0,015 bei 0,077 % [m/m] Butylpropionat.

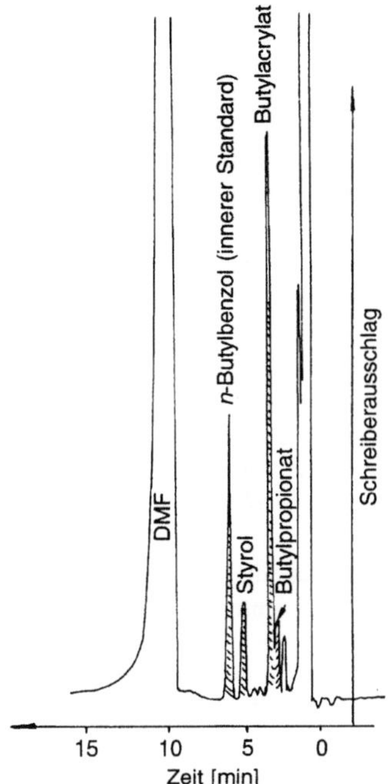

Abb. 47:
Chromatogramm einer wäßrigen Kunststoffdispersion auf Styrol-Butylacrylat- Basis

Die Bestimmung von Vinylacetat in methanolischem Lösungspolymerisat (23)

Auch die quantitative Analyse geringer Mengen Vinylacetat in methanolischem Lösungspolymerisat demonstriert sowohl die Genauigkeit als auch die Reproduzierbarkeit der Dampfraummethode. Dabei ist zu empfehlen, im Bereich größerer Vinylacetatkonzentrationen entsprechende Verdünnungen mit Methanol herzustellen. Tabelle 11 zeigt die Analysenergebnisse der Dampfraummethode im Vergleich zu den durch Bromid-Bromat erhaltenen Titrationswerten für Vinylacetat in methanolischem Lösungspolymerisat von Polyvinylacetat.

Tabelle 11: Bestimmung von Vinylacetat in methanolischem Lösungspolymerisat durch Titration und durch die Dampfraumanalyse

Probe	% [m/m] Vinylacetat best. durch Titration	% [m/m] Vinylacetat best. durch Dampfraumanalyse			
		1	2	3	Mittelwert
A	7,0	7,6	7,7	7,5	7,6
B	0,5	0,7	0,7	0,7	0,7

Alkohol und toxikologische Stoffe im Blut

Ähnlich wie bei wäßrigen Kunststoffdispersionen liegt bei Blut eine feste neben einer flüssigen Phase vor, mit dem Unterschied, daß Blut in keinem Lösungsmittel klar löslich ist; Coagulationsprobleme sind zusätzliche Schwierigkeiten. Die genaue Zusammensetzung der Matrix: Wasser, Blutzucker, Fette, Proteine, Globine und Eiweißstoffe ist zwar nicht genau bekannt, sie steht aber in reiner Form zur Verfügung. Durch das ständige Anwachsen der Teilnehmer im Straßenverkehr ist die Blutalkoholbestimmung sehr wichtig geworden. Hierfür gibt es bekannte Nass-chemische Oxidationsverfahren, die jedoch neben Alkohol andere etwa vorhandene Komponenten im Blut, wie Aceton oder Acetaldehyd mit erfassen. Direkte gaschromatographische Verfahren zur Ermittlung des Blutalkoholgehaltes scheitern, ähnlich wie im Fall wäßriger Kunststoffdispersionen, an der Spritzendosierung (64) solcher 2-Phasen-Systeme.

Fußend auf den ersten Arbeiten zur Bestimmung des Blutalkoholgehaltes (65), (66), hat MACHATA (5), (67) diese Analytik nach der Dampfraummethode zu ihrer heutigen Genauigkeit verholfen.

Bahnbrechend für diese Arbeiten war die Entwicklung des vollautomatisch arbeitenden GC-Automat Multifract F 40 (Bodenseewerk Perkin Elmer) mit dem relative Standardabweichungen erreicht wurden, die kleiner sind als diejenigen, die sich aus den Fehlermöglichkeiten der Blutzusammensetzung ergeben könnten. Anstelle von Blut werden für die Kalibrierung, meist Merck-Ethanol-Standardlösungen verwendet, wobei jedoch für Blut und Serum Korrekturfaktoren einzusetzen sind.

Als Standard wird meist tert. Butanol verwendet, das ungefähr die gleiche Polarität wie Ethanol besitzt, wobei sich Änderungen in den Aktivitätskoeffizienten gleichermaßen bemerkbar machen.

Weitere Fehlermöglichkeiten von vollautomatisch durchgeführten Blutalkoholbestimmungen (68) sind folgende: So bewirkt z.B. die Erhöhung der Badtemperatur um 1 °C eine Peakerhöhung von Ethanol und Standardsubstanz um 5,5 %. Ein Einfluß auf den Quotienten: Peakhöhe Ethanol/Peakhöhe Standard, wird dabei nicht festgestellt. Die Abhängigkeit der Peakhöhe von der eingesetzten Gesamtmenge ist gering; sie beträgt ca. ± 0,05 %.

Werden bei der Blutentnahme Venülen mit Fluoridzusatz verwendet, so hat das dadurch im Blut gelöste Natriumfluorid Einfluß auf das quantitative Analysenergebnis. Z.B. bewirkt eine Natriumfluoridkonzentration von 10 [mg/l] gegenüber natriumfluoridfreien Proben eine Erhöhung des Ethanolpeaks um 5%; der vorgenannte Quotient dagegen bleibt konstant. Unterschiedliche Blutserumkonzentrationen haben jedoch einen Einfluß auf Peakhöhe und Quotient.

Eine Reihe weiterer Arbeiten über die Blutalkoholbestimmung nach der Dampfraummethode kann im Rahmen dieses Buches nur gestreift werden (69), (70), (71), (72). So wird z.B. die zur Blutentnahme verwendete Injektionsspritze gleichzeitig als Dampfraumgefäß verwendet, aus dem die dampfförmige Probe nach Einstellung des Dampfdruckgleichgewichtes mit umgekehrter Spritzenhalterung in den Gaschromatographen dosiert wird (73). Zur Erhöhung der Ethanolkonzentration können auch hier Salzzugaben, wie z.B. zu 0,2 ml Blut 0,2 g Natriumchlorid, erfolgen (74).

Blutalkoholkonzentrationen im Bereich bis zu 0,3% werden mit einer Fehlergrenze von 0,003-0,005% gemessen (75).

Bei der Routinebestimmung von Blutalkohol, wobei insbesondere die Kalibrierung und die Herstellung von Blutalkoholstandards aus Rinderblut beschrieben ist (76), zeigen sich wichtige Einflüsse auf die Analysenparameter wie z.B. die der Konzentration, der Temperatur, der Probenmenge und der Salzkonzentration.

Der Vergleich der HS-GC-Analyse mit der Autoklavenmethode (Oxidation mit Dichromat) (77) und der Destillationsmethode (78), zeigt gute Übereinstimmung, wie die Ergebnisse der folgenden Tabelle 12 zeigen.

Tabelle 12: Blutalkoholbestimmung nach drei verschiedenen Methoden (nach GLENDENNING et al. J. Forensic. Sci **14**, 136 [1969])

Probe	Dampfraummethode	Autoklavmethode	Destillationsmethode
1	0,211 % C_2H_5OH	0,213 % C_2H_5OH	0,212 % C_2H_5OH
2	0,256 % "	0,262 % "	0,265 % "
3	0,239 % "	0,238 % "	0,228 % "
4	0,225 % "	0,230 % "	0,237 % "
5	0,182 % "	0,182 % "	0,173 % "
6	0,046 % "	0,044 % "	0,039 % "
7	0,211 % "	0,228 % "	0,216 % "
8	0,202 % "	0,209 % "	0,211 % "
9	0,246 % "	0,252 % "	0,245 % "
10	0,260 % "	0,265 % "	0,264 % "

Ein spezieller Gaschromatograph für die Blutalkoholbestimmung wird als „Alco-Analycer" (79) vorgestellt. Dieses Gerät ist mit einer Gasprobenschleife ausgestattet, mit der konstante Mengen aus dem Gasraum entnommen werden können. Als Dampfraumgefäß dienen Fläschchen von 35 ml Inhalt. Die Probemenge beträgt 1 ml.

Eine Mikromethode in der HSGC, bei der nur 20-50 μl Blut benötigt werden, ermöglicht es, Ethanolkonzentrationen im Bereich von 0,003 bis 1,2 [mg/ml] mit nur einem Fehler von ± 4,6 % zu bestimmen (80). Die Probenahme wird mit einer Spezialspritze durchgeführt, die mit einem heizbaren Wassermantel versehen ist. Durch Temperierung der Probe bei 60 °C wird, gegenüber der sonst üblichen bei 30 °C, eine vierfache Erhöhung der Alkoholkonzentration erreicht. Die Zugabe von Natriumnitrit verhindert dabei eine partielle Oxidation von Ethanol zu Acetaldehyd. Über die vollautomatische Blutalkoholbestimmung in Verbindung mit einem Rechner sowie über qualitative und quantitative Fehlerquellen dieser Methode berichtet eingehend eine weitere Arbeit (81).

In der Toxikologie werden neben Ethanol noch andere in Leichenblut und länger gelagerten Blutproben auftretende Komponenten, wie Acetaldehyd, Methanol, Propanol, Butanol und Amylalkohol bestimmt (82). Weitere in Blut und in Körperflüssigkeiten auftretende Fremdstoffe, wie z.B. Ether und Anästätika (Halothan®), Chloroform, Tetrachlorkohlenstoff, Trichlorethylen und Paraldehyd (66) werden mit der Dampfraummethode nachgewiesen und bestimmt. Eine Zusammenstellung von toxikologisch wichtigen Komponenten sowie von Anästätika, die im Blut analysiert wurden, zeigen die folgenden Abb. 48 und 49 (83).

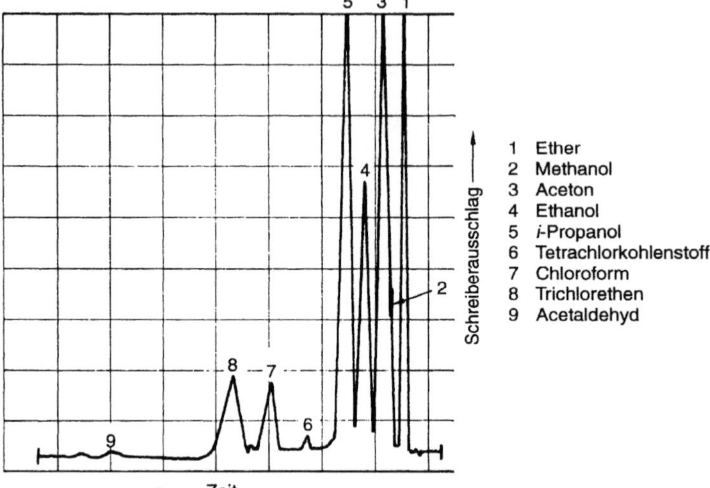

Abb. 48: Die Bestimmung flüchtiger Komponenten im Blut durch die HS-GC-Analyse (83) (nach RIEDERS, GC Analysis in Toxicology ed. H.S. KROMAN et al., Grune and Stratten, New York, London [1968])

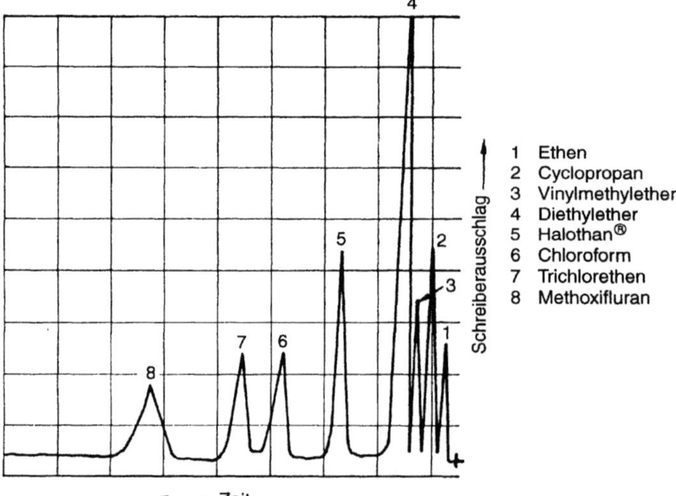

Abb. 49: Die Bestimmung flüchtiger Anästätika im Blut durch die HS-GC-Analyse (83) (nach RIEDERS, vgl. Abb. 82)

Als weitere diesbezügliche Bestimmungen in Körperflüssigkeiten sind die von Aceton und ß-Ketobuttersäure im Blutserum (84) sowie von Methylmerkaptan in Urin (85) zu nennen.

Geruchsstoffe in Milch

Als letztes Beispiel aus dieser Gruppe soll die Dampfraumanalyse für Geruchsstoffe in Milch erwähnt werden. Wie im Fall des Blutes, besteht auch Milch aus einer festen und einer flüssigen Phase: 88 % Wasser mit Kasein, Albumin, Fett, Milchzucker etc. Auch hier ist die fremdstofffreie Matrix verfügbar. So lassen sich mit der Dampfraumanalyse Geruchsstoffe über Milch differenzieren (86) und Änderungen in diesen Geruchsstoffen während der Herstellung und Lagerung festzustellen (87).

Gruppe III – Feste Proben, die klar in einem Lösungsmittel löslich sind (Matrixabhängige Auswerteverfahren, Gleichungen (6-9))

Für den direkten Nachweis flüchtiger Komponenten in Feststoffen ist die HS-GC-Analyse die derzeit empfindlichste Methode, da hierbei umständliche und zeitraubende Anreicherungsoperationen vermieden werden können.

Wenn der Feststoff klar in einem Lösungsmittel löslich ist, kann die Analyse wie bei Gruppe I oder im Fall löslicher wäßriger Dispersionen der Gruppe II durchgeführt werden. Auch hier ist selbstverständlich der Einfluß des gelösten Feststoffes auf die relativen Flüchtigkeiten der zu bestimmenden Komponenten zu testen. Dabei ist die Suche nach einem geeigneten Lösungsmittel im Hinblick auf Reinheit und Retentionszeitverhalten manchmal problematisch. Eine anderer Weg zur analytischen Behandlung von Feststoffproben, die der Vollständigkeit halber hier erwähnt werden soll, besteht darin, die Festprobe direkt durch die Dampfraummethode zu analysieren und die Eichung gesondert durchzuführen. So kann man z.B. im Fall von Polystyrol den Styrolgehalt, durch Lösen in Methylenchlorid und Fällen mit Methanol, sehr genau durch Zugabe einer Standardsubstanz gaschromatographisch bestimmen (88) und diesen Wert zur Eichung der Dampfraumanalyse verwenden. Abb. 50 zeigt eine auf solchen Messungen beruhende Kalibrierung, die zur quantitativen Dampfraumanalyse von Styrol in Polystyrol zugrunde gelegt wurde.

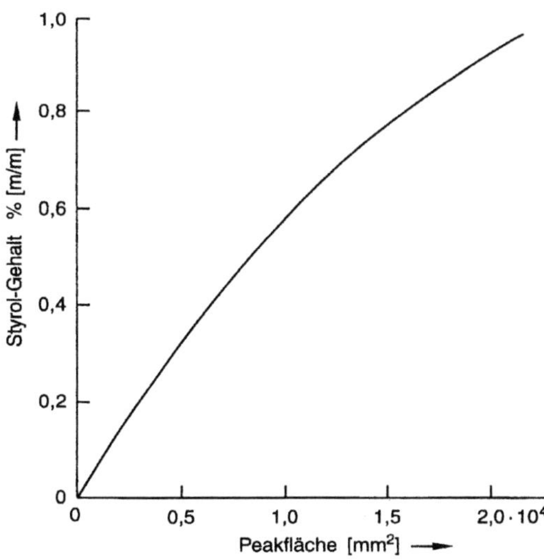

Abb. 50:
Nach der Umfällmethode bestimmte Styrolgehalte in Abhängigkeit von der Peakfläche aus der Dampfraumanalyse von Polystyrol

Der Vorteil dieser Methode besteht in dem geringen Zeitaufwand, weil die eigentliche Probe direkt zur Analyse gelangen kann. Wie aus Abb. 50 jedoch ersichtlich, resultiert keine Eichgerade, sondern eine Eichkurve, wie sie meist bei Feststoffen beobachtet wird. Es ist daher bei löslichen Feststoffen grundsätzlich zu empfehlen, die Dampfraumanalyse in klaren Lösungen vorzunehmen. Hierzu einige Beispiele:

Die Bestimmung von Styrol und anderen flüchtigen Stoffen in Polystyrol

Die Bestimmung von Styrol und anderen flüchtigen Stoffen, wie Acrylnitril, Toluol, Ethylbenzol, o-, m-, p-Xylol, Cumol, n-Propylbenzol, Butylbenzole und Methylstyrol in Polystyrol wird in der klaren Lösung in DMF vorgenommen (89). Hierbei werden 180-220 mg Polystyrol in das Probefläschchen eingewogen und 2 ml DMF, das bereits die Standardsubstanz (n-Butylbenzol) enthält, dazugegeben. Der Lösevorgang erfolgt unter gelegentlichem Umschütteln bei 70 °C.

Abb. 51 zeigt die Dampfraumchromatogramme der Probe und der Kalibrierlösung.

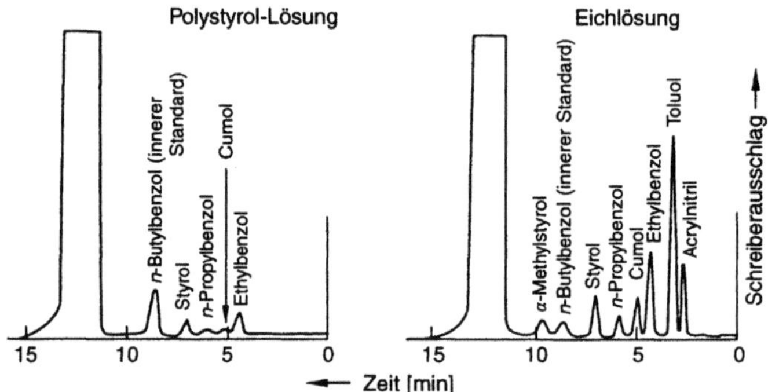

Abb. 51: Gaschromatogramme der Gasphase über einer Polystyrollösung und einer Eichprobe (nach Rohrschneider, Z. Anal. Chem. **255**, 345, [1971])

Abb. 52 zeigt diese Analyse, deren Nachweisempfindlichkeit noch wesentlich durch Zugabe von H_2O zu der DMF-Lösung gesteigert werden kann, mit Hilfe einer Kapillartrennsäule.

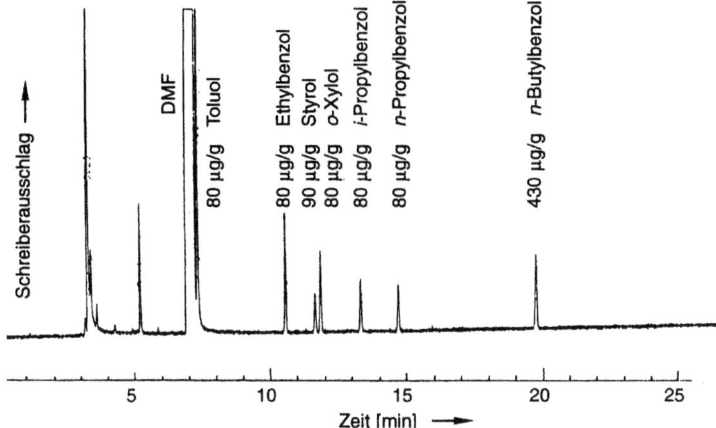

Abb. 52: Bestimmung von Restmonomeren und andere Begleitstoffe in Polystyrol in einer Lösung in DMF

Die Bestimmung von Vinylchlorid in Polyvinylchlorid (90)

Auf gleiche Weise wie die Bestimmung von Styrol in Polystyrol ist diejenige von Vinylchlorid in Polyvinylchlorid durchführbar (90). Von den hierfür in Frage kommenden Lösungsmitteln Tetrahydrofuran (THF) und Dimethylacetamid (DMA) wird besser das letztere verwendet, da nicht nur dessen Dampfdruck niedriger (kürzere Analysenzeit!), sondern diese Substanz im allgemeinen in reinerer Form als THF verfügbar ist. Als Standardsubstanz dient Diaethylether, der bereits im Lösungsmittel gelöst ist. Die Temperierung der Probe erfolgt bei 50 °C, eine Temperatur, die zur Bestimmung von weniger als 1 [µg/g] VC ausreicht.

Die Herstellung der hierfür nötigen Eichlösungen erfolgt in einem extra für diese Bestimmung entwickelten Gefäß, wie es Abb. 53 schematisch zeigt.

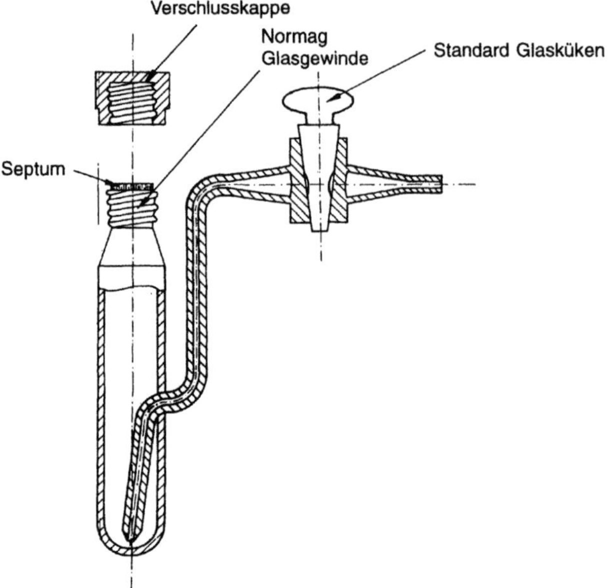

Abb. 53: Gefäß zur Herstellung von VC-Eichlösungen (90) (nach PUSCHMANN, Angew. Makromol. Chemie, **47**, 29, [1975])

In das Glasgefäß von Abb. 53 werden ca. 10 g DMA mit 1 mg Genauigkeit eingewogen. Mit Hilfe des Gaseinleitungsrohres werden aus einer Gasflasche ca. 0,1 g VC mit einer Genauigkeit von ± 0,2 mg so eingegast, daß keine Zeichen des Durchleitens erkennbar sind. Durch die Serumschraubkappe ist die Entnahme der Kalibrierlösung möglich.

Im Bereich von 1-1000 [μg/g] VC resultiert daraus ein konstanter Kalibrierfaktor fi von 0,73 mit einer Standardabweichung von 0,013. Dieser Faktor wurde sowohl in reinem DMA als auch in Lösung mit VC-freiem PVC bestimmt. Dabei wurde keine Abweichung der gemessenen Faktoren festgestellt, d.h. der relative Verteilungskoeffizient ist hierbei konstant.

Die an PVC-Folie ermittelte Standardabweichung (s) beträgt im Bereich 3,7 [μg/g] VC : 0,06 und im Bereich von 27,8 [μg/g] VC : 0,47. Abb. 54 zeigt die Bestimmung von 0,01 [μg/g] VC im Vergleich zum Blindwert der Versuchsanordnung.

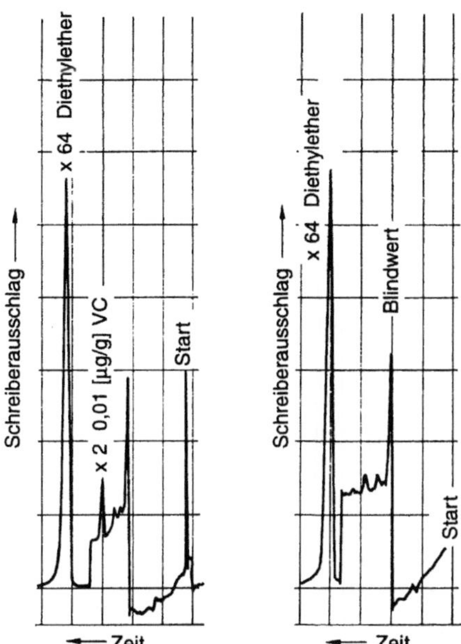

Abb 54: Bestimmung von Vinylchlorid in Polyvinylchlorid mit der Dampfraummethode (90) (nach PUSCHMANN, wie Abb. 53)

Die Bestimmung von VC-Spuren in Lebensmittelsimulantien bis in [μg/kg]-Bereiche ermöglicht ferner der chlorspezifische HALL-Detektor (91), (92).

**Gruppe IV: Feste, in Lösungsmittel unlösliche Proben
(Matrixunabhängige Auswerteverfahren und Gleichungen (10-15))**

Aroma- und Geruchsstoffe in Naturprodukten

Eine Vielzahl von Arbeiten beschreibt den Nachweis von Aromastoffen in Pflanzen, Obst, Tabak, Hopfen, Pilzen etc. So z.B. Untersuchung von Aromastoffen in Hopfen (93). Der Versuch, Aromastoffe in Hopfenpulver aufgrund wäßriger Vergleichsstandardlösungen quantitativ zu analysieren, scheitert, da die Auswirkung der Adsorption der Aromastoffe an pflanzlichem Zellmaterial noch ungeklärt ist. Dadurch ist der Eintritt der Aromastoffe in die Dampfphase bei Eichlösungen nicht vergleichbar mit dem bei Pflanzenmaterial. Es ist jedoch möglich, verschiedene Hopfensorten durch das HS-GC-Chromatogramm miteinander zu vergleichen und dann relative Angaben im Hinblick auf die qualitative und quantitative Zusammensetzung zu machen (94).

Flüchtige Carbonylverbindungen wie Acetaldehyd, Propionaldehyd, Isobutyraldehyd, Aceton, Butyraldehyd, Methylethylketon, Isovaleraldehyd, Valeraldehyd und Capronaldehyd konnten in Gerste, Malz und Grünmalz nachgewiesen werden (vgl. Abb. 55, 56, 57) (95).

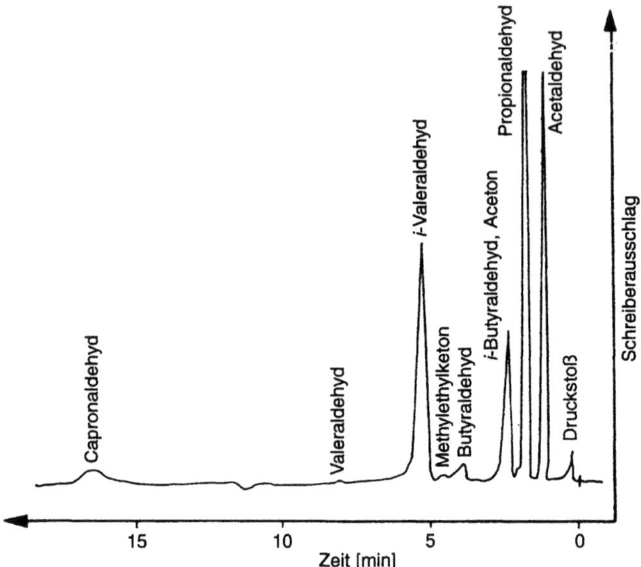

Abb. 55: Carbonylverbindungen in Gerste (95) (nach WAGNER, Mschr. Brau **24**, 285, [1971])

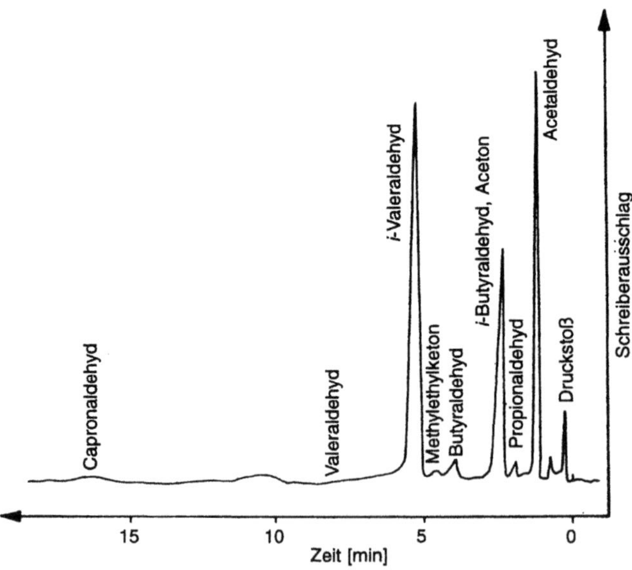

Abb. 56: Carbonylverbindungen in Malz (95) (nach WAGNER wie Abb. 55)

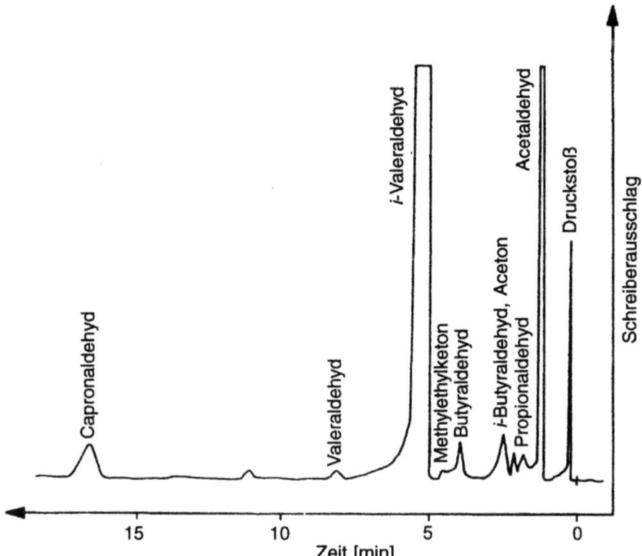

Abb. 57: Cabonylverbindungen in Grünmalz (nach WAGNER, wie Abb. 55)

Zur Identifizierung wurden sowohl die Carbonylverbindungen mit Stickstoff aus den Proben ausgetrieben, kondensiert und mit 2,4-Dinitrophenylhydrazin gefällt, als auch mit den entsprechenden Reinsubstanzen durch Retensionszeitmessung verglichen.

Bei diesen Untersuchungen wurde im Hinblick auf die quantitative Analyse festgestellt, daß der Wassergehalt der Proben die Konzentration der Carbonylverbindungen im Dampfraum stark beeinflußt. Dadurch kann keine absolut quantitative Aussage über die Menge dieser Stoffe in Gerste, Grünmalz und Malz getroffen werden. Eindeutig ist jedoch, daß Propionaldehyd im Malz in bedeutend höheren Konzentrationen vorkommt als in Gerste oder Grünmalz.

Weitere solcher Arbeiten beschäftigen sich mit der Charakterisierung von Duft- und Aromastoffen über Pilzkulturen (96) und Früchten (97).

Bei vergleichenden Untersuchungen von Apfelaromastoffen mit der Dampfraummethode und der Flüssigextraktion, sind die Ergebnisse nicht in Einklang zu bringen (98). Daraus wird geschlossen, daß die Dampfraumanalyse zweifellos gut geeignet ist, die effektive Zusammensetzung eines Gasvolumens an Aromastoffen zu einem gewissen Zeitpunkt zu analysieren, daß jedoch im Vergleich mit der Extraktionsmethode keine brauchbaren quantitativen Analysenergebnisse zu erzielen sind.

Um die Ergebnisse der HS-GC-Methode besser mit der Extraktionsmethode vergleichen zu können (99), werden die Peakflächen pro Komponente auf die Menge Frucht in kg bezogen. Die Probemenge beträgt 5 ml aus der Gasphase von 1,5 kg Frucht. Obwohl aus der momentanen Zusammensetzung eines Früchtearomas keine genauen Angaben über die absoluten Konzentrationen in der Frucht resultieren, kann dabei doch auf die ungefähre Aromazusammensetzung geschlossen werden (100).

Weitere Arbeiten berichten über die Charakterisierung von Aromen über Kartoffeln, Karotten und Birnen in Abhängigkeit von der Lagerzeit (101), (102), wobei die HS-GC-Fingerprints solcher Untersuchungen als Aromagramm bezeichnet werden, was sicher zutreffender ist, als von einer Analyse zu sprechen.

Durch enzymatische Bildung gebildete flüchtige Verbindungen werden in Himbeeren charakterisiert (103). Auch flüchtige Schwefelverbindungen können auf diese Weise nachgewiesen werden (104). So wird z.B. die Bildung von Methylsulfid in Tomaten, die in Dosen abgefüllt sind, nachgewiesen. Dabei erfolgt zunächst eine Absorption in konzentrierter Schwefelsäure. Nach dem Verdünnen erfolgt dann über der Lösung die Dampfraumanalyse, wobei Mengen von 1,6-7,9 [μg/g] Methylsulfid bestimmbar werden. Bei 100 °C und Atmosphärendruck werden 2-6 [μg/g] dieser Substanz gebildet (105).

Bis zu 35 Komponenten werden in türkischem Tabak nachgewiesen, wobei zur Identifizierung funktionelle Gruppenreaktionen auf Aldehyde, Ketone und Ester zu Hilfe genommen werden. Diese Reaktionen werden im Dampfraumgefäß mit saurer und alkalischer Hydroxylaminlösung, Quecksilberchlorid und Kaliumpermanganat ausgeführt (106).

Die funktionelle Gruppenanalyse in Verbindung mit der Dampfraummethode wird ferner bei der Identifizierung von flüchtigen Stoffen in Milchprodukten wie Kefir- und Schafskäse verwendet (43). Ein weiteres Anwendungsgebiet ist die Untersuchung von in der Pharmacie gebräuchlichen Aromastoffen, wie z.B. Himbeer- und Bananenaroma zur Aromatisierung von Medikamenten (107).

Flüchtige Komponenten im Dampfraum über Pfefferminzöl, Bananen, Röstkaffee, Brandy, Whisky etc. können mit der HSGC leicht und schnell auf Qualität und Echtheit aufgrund der Duftstoffe untersucht werden, ohne eine exakte qualitative und quantitative Analyse durchführen zu müssen (108). Abb. 58 zeigt einen solchen Vergleich bei frisch geschnittenen Bananenscheiben (Chromatogramm A) und einem künstlichen Bananenaroma (Chromatogramm B).

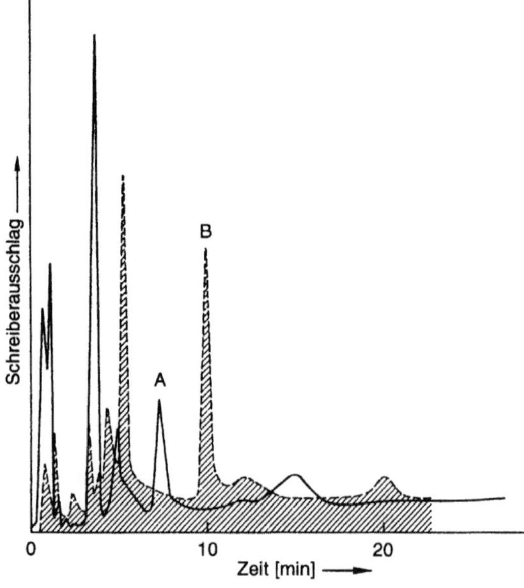

Abb. 58:
Dampfraumchromatogramme von Bananenscheiben (A) im Vergleich zu Bananenaroma (B) (nach D. A. M. MACKAY et al., Anal. Chem. **33**, 1369, [1969])

Schlußbetrachtungen und weiterer Ausblick zur Analytik der statischen Methode

Die vorgenannten Beispiele aus der analytischen Praxis erheben keinen Anspruch auf Vollständigkeit; sie sollen lediglich demonstrieren, welch breites Anwendungsfeld die HSGC-Analyse bereits hat und welche analytischen Möglichkeiten sich daraus für die Zukunft bieten.

So wäre z.B. die quantitative Bestimmung von Substanzen mit geringem Dampfdruck, die nicht in solche mit höherem Dampfdruck derivatisierbar sind, wünschenswert – was nur dadurch erreichbar ist, daß die Dampfraumapparaturen mit möglichst hohen Temperaturen betrieben werden können. Dies erfordert andererseits wiederum nicht nur Dampfraumgefäße, die hohen Drücken standhalten, sondern auch entsprechend präparierte Entnahmestellen, die dann nicht mehr mit einem Gummiseptum versehen sein können.

Bei allen Beispielen wird, wegen der geringen Konzentrationen im Dampfraum, meist der FID verwendet, mit dem, wie bekannt, nicht alle Dampf- und gasförmigen Stoffe nachweisbar sind. Hierher gehört z.B. die Möglichkeit der Bestimmung von Spuren von Inert- und anorganischen Gasen sowie von Formaldehyd-, Ameisensäure- und insbesondere Wasserdampf und von Wasser in Feststoffen und Flüssigkeiten, wie dies mit einem empfindlichen WLD in Verbindung mit einer Porapak S$^{(R)}$-Trennsäule durchführbar ist (109). Auf diese Weise läßt sich so der Wassergehalt von Bonbons bestimmen (Abb. 59).

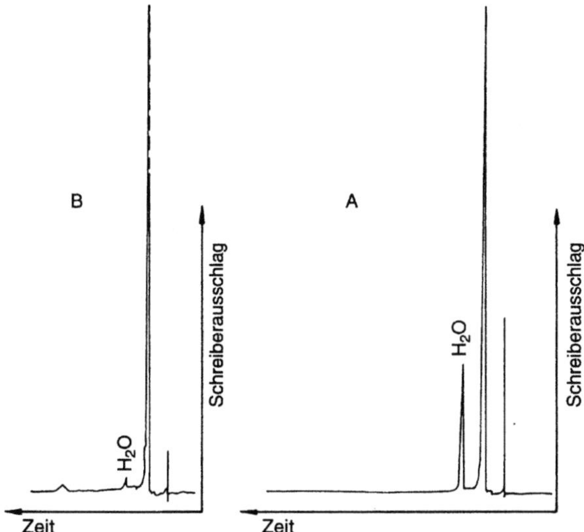

Abb. 59: Bestimmung von Wasser in Bonbons nach der Dampfraummethode (109) (nach KOLB, Bodenseewerk Perkin Elmer)

Diagramm A = Analyse, Diagramm B = Blindwert.

1.7 Nichtanalytische Anwendungen – die statische HSGC als reine Meßmethode

Die statische Methode ermöglicht ferner aufgrund ihrer thermodynamischen Beziehungen und ihrer ausgereiften Gerätetechnik noch eine Reihe weiterer Anwendungen in der Forschung und bei Verfahrensentwicklungen, bei denen sich Konzentrationsbestimmungen erübrigen. Sie fungiert dann nicht mehr als Analysen-, sondern als Meßmethode zur reproduzierbaren vergleichenden Messung von Peakflächen im Dampfraum ($A_i^{''}$) oder zum Vergleich von Chromatogrammen.

Auf diese Weise, wobei einwandfreie reproduzierbare Meßbedingungen Voraussetzung sind, lassen sich, wie an einigen Beispielen gezeigt wird, aufgrund von Gleichung (4) thermodynamische Daten ermitteln. Mit geeigneten Prüfsubstanzen sind ferner Charakterisierungen von Porenstrukturen für die Auswahl von Katalysatorträgern sowie Katalysatorausprüfungen möglich.

Auch sind, wie im vorhergehenden Abschnitt schon gezeigt wurde, oft vergleichende Fingerprintchromatogramme des Dampfraumes ebenso wertvoll und aussagekräftig wie wesentlich zeitaufwendigere qualitative und quantitative Analysen. Dies betrifft sowohl die Produktionskontrolle als auch Fremdmusteruntersuchungen zur Prüfung auf chemische oder thermische Beständigkeit. Hierhin gehört auch die entsprechende Anwendung in der Medizin bei der Charakterisierung von Bakterienstämmen.

Beispiele zur Messung thermodynamischer Daten

So ermöglicht die statische Methode die Charakterisierung der Dampfzusammensetzung über dem Zwei-Phasensystem Gas-flüssig. Dies beruht auf den eingangs erwähnten Beziehungen der Gleichungen (3) und (4), wonach anstelle der Drücke die normierten Peakflächen ($A_i^{''}/\overline{c}_i$) einsetzbar sind:

$$\gamma_i = \frac{p_i}{p_{oi} \cdot x_i} = \frac{A_i^{''}}{A_{oi}^{''} \cdot x_i} \tag{17}$$

was die Bestimmung von Aktivitätskoeffizienten und Dampfdrücken gestattet. $A_i^{''}$ bedeutet dabei die Peakfläche von i der Mischung und $A_{oi}^{''}$ die Peakfläche der reinen Komponente i bei T/ °C im Dampfraum. Durch graphische Auftragung dieser normierten Peakflächen über den Molanteilen der binären Testmischung erhält man Dampfdruckdiagramme die den altbekannten Dampfdruckdiagrammen völlig gleichen, wie das Beispiel eines Zwei-Stoffgemisches aus Ethylacetat und Vinylacetat bereits zeigte (vgl. Abb 17). Dabei eröffnet sich auch eine schnelle und einfache Möglichkeit zur Charakterisierung auch von Azeotropen (110).

Aus folgender Gleichung (18) läßt sich ferner die partiale molare Excess-Energie (G_i^E) der Komponente i in der Mischung ermitteln (111).

$$\Lambda G_i^E = RT \ln\gamma_i = RT \ln\left(\frac{A_i^{''}}{A_{oi}^{''} \cdot x_i}\right) \tag{18}$$

und bei Kenntnis der entsprechenden Werte der Komponenten 1 und 2 der binären Mischung auch die gesamte Excess-Energie (G^E) der Mischung.

Durch Kombination der bekannten Definition des Verteilungskoeffizienten in der GC (112):

$$K_i = \frac{RTd_L}{\gamma_i^{\infty} L p_{oi} M_L} \qquad (19)$$

wobei d_L die Dichte des Lösungsmittels (stat. Phase), p_{oi} den Dampfdruck der reinen Komponente i, $\gamma_{i\,\infty L}$ den Aktivitätskoeffizienten von i in unendlicher Verdünnung und M_L das Molekulargewicht des Lösungsmittels bedeuten, mit Gleichung (5), ergibt sich weiter die Beziehung zwischen K_i und E_{HS}, dem Headspace-Response-Faktor:

$$K_i = \frac{\bar{c}_i}{E_{HS}} \cdot \frac{RTd_L}{M_L} \qquad (20)$$

Damit ermöglicht die statische Methode die Charakterisierung von Lösungsmitteln durch den Verteilungskoeffizienten (113, 114).

Diese Erkenntnis läßt sich auch zur Charakterisierung von GC-Trennungen kritischer Stoffpaare einsetzen, wobei die zeit- und arbeitsaufwendige Trennsäulenherstellung umgangen werden kann.

Hierzu genügt es, die zu trennenden Stoffe in Verdünnung mit der flüssigen (= stationären) Phase unter absolut gleichen Bedingungen zu vermessen. Meßgröße ist allein die Peakfläche $A_i^{''}$, die nach der üblichen Definition des Verteilungskoeffizienten dem Retentionsvolumen der gaschromatographischen Trennung umgekehrt proportional ist.

Ein Beispiel für die Trennung von Alkoholen an Glyzerin (115) als stationärer Phase ist aus folgender Tabelle 13 zu ersehen:

Tabelle 13: Peakflächen $A_i^{''}$ und Retentionszeiten t_i, erhalten durch vergleichende GC-Dampfraumanalyse verschiedener alkoholhaltiger Glyzerinproben

Gelöster Stoff:	Lösungsmittel bzw. Trennphase	t_i (min)	F i
1 - Propanol	Glyzerin	10,4	1221
Ethanol	Glyzerin	14,0	1100
n-Propanol	Glyzerin	15,1	585
Methanol	Glyzerin	16,3	582
n-Butanol	Glyzerin	18,0	574

Weitere Möglichkeiten wie Bestimmung von Verteilungskoeffizienten ergeben sich z.B. auch aus Gleichung (10) bzw. aus dem Ordinatenabschnitt K_i / C_{iL} der Abb. 22.

Ein anderes Beispiel ist die Hilfe der statischen HSGC bei der Auslegung destillativer Trennverfahren, deren sichere Vorausberechnung mangels Stoffdaten und mangels bekannter Theorien bis heute meist nicht möglich ist.

Als Beispiel dient die Auswahl des Zusatzstoffes für die Extraktivdestillation. Eine wichtige Charakterisierungsgröße ist hierbei z.B. der Nutzeffekt (β). Er wird normalerweise durch das Verhältnis der Trennfaktoren (α) der zu trennenden Stoffe 1 und 2, mit und ohne Zusatzstoff 3 definiert als:

$$\beta = \frac{(\alpha_{12})\,123}{(\alpha_{12})_{12}} \tag{21}$$

wobei

$$\alpha_{12} = \frac{\dfrac{x_i''}{x_2''}}{\dfrac{x_1'}{x_2'}} \tag{22}$$

das Verhältnis der Molenbrüche der Komponenten 1 und 2 im Dampfraum ($''$) und in der Flüssigkeit ($'$) bedeuten. Informationen hierüber werden normalerweise durch zeitraubende Messungen an Dampf-Flüssigkeits-Gleichgewichtsapparaturen ermittelt.

Bedeutend einfacher und schneller läßt sich jedoch der Nutzeffekt (β) durch vergleichende GC-Dampfraummessungen einer Mischung 1 bis 2, mit und ohne Zusatzstoff 3 unter gleichen Konzentrations- und Temperaturverhältnissen und GC-Bedingungen nach:

$$\beta = \frac{(A_1''/A_2'')\,123}{(A_1''/A_2'')\,12} \tag{23}$$

durchführen (116), nämlich:

ß = 1:   der Zusatzstoff ist ohne Wirkung

ß > 1:   der Zusatzstoff hat eine positive Wirkung
          (Stoff 1 kann als Kopfprodukt abgetrennt werden)

ß < 1:   der Zusatzstoff hat eine negative Wirkung
          (Er kann jedoch trotzdem brauchbar sein, da Stoff 1 in diesem Fall unter Umständen
          als Sumpfprodukt gewonnen werden kann.)

A_1'' und A_2'' bedeuten dabei die entsprechenden Peakflächen der Stoffe 1 und 2 im Dampfraum. Die Durchführung dieses einfachen Meßprinzips ist aus der folgenden Abb. 60 ersichtlich:

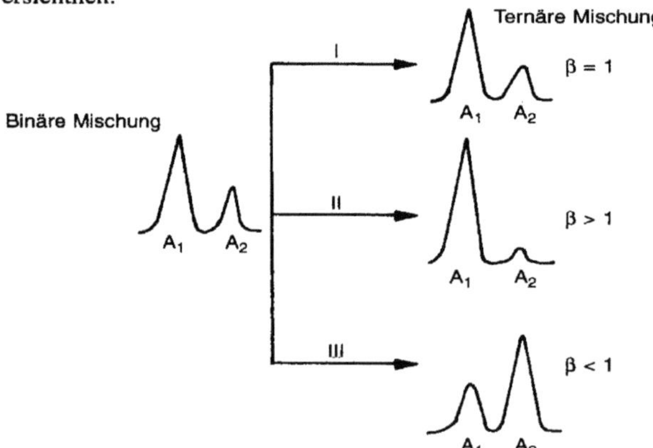

Abb. 60:
Änderung der Peakflächenverhältnisse durch einen Zusatzstoff

Durch Kombination der Headspace-Methode mit der üblichen GC, wobei man unter Verwendung des Zusatzstoffes als stationäre Trennphase für die Stoffe 1 und 2 nach (117):

$$S = \frac{p_{o2}}{p_{o1}} \cdot \frac{t_2}{t_1} \tag{24}$$

die Selektivität (S) des Zusatzstoffes ermitteln kann, ist dann aufgrund der folgenden Gleichung:

$$S = \beta \left(\frac{\gamma_1}{\gamma_2} \right)_{12} \tag{25}$$

die Bestimmung des Aktivitätskoeffizientenverhältnisses möglich. Daraus schließlich ist nach Gleichung (16) der Trennfaktor $(\alpha_{12})_{12}$ (rel. Flüchtigkeit der Stoffe 1 und 2 im Zwei-Stoff-System) ableitbar.

Weitere interessante diesbezügliche Anwendungen sind die Ermittlung der Stabilitätskonstante (K_{XM}) flüchtiger Liganden in Komplexverbindungen nach Gleichung (26), sowie der Ionisationskonstante (K_{BH}^{+}) flüchtiger organischer Basen nach Gleichung (27) und die des Molekulargewichtes nach Gleichung (28) (127, 128, 129).

$$K_{XM} = \frac{A_G - A_G'}{A_G} \cdot \frac{KV_L + V_G}{KV_L(M)_o} \tag{26}$$

$$K_{BH}^{+} = \frac{(A_B/A_B')\,[H^+] - [H^+]}{1 - A_B/A_B'} \tag{27}$$

$$M = \frac{A}{A_o - A} \cdot \frac{m}{w} \cdot M_s \tag{28}$$

Dabei bedeutet:

M = Ausgangsmolekulargewicht der Komplexverbindung

A_G und A_G' = Peakflächen zweier verschiedener Konzentrationen der flüchtigen Komponenten der betreffenden Komplexverbindung unter gleichen Meßbedingungen

A_B und A_B' Peakflächen der Substanz B in 2 verschiedenen Konzentrationen bei gleichen Meßbedingungen

A = Peakfläche der Substanz i über der Lösung

A_o = Peakfläche des reinen Lösungsmittels

m = Substanzmenge in g

w = Lösungsmittelmenge in g

M_S = Molekulargewicht des Lösungsmittels

Andere Möglichkeiten der statischen HS-Technik bestehen im Austesten von Katalysatoren im Hinblick auf ihre Selektivität und zur Charakterisierung von deren Sorptionseigenschaften. So genügt für Selektivitätsvergleiche die einfache Vermessung der Peakflächen im Dampfraum des Headspace-Gefäßes, in dem sich der Katalysator befindet, unter standardisierten Bedingungen der Versuchsdurchführung und der analytischen Parameter. Mit automatischen Dampfraumanalysatoren ist dieses Katalysatorscreening dann auch außerhalb der normalen Arbeitszeit durchführbar, wie das folgende Beispiel der Vinylacetatherstellung aus Ethylen und Essigsäure zeigt. Als Ergebnis resultieren, mit Hilfe eines Basic-Programmes mit Grafikauswertung, Blockdiagramme der Abb. 61, die die verschiedenen Selektivitäten der einzelnen Katalysatoren in anschaulicher Weise wiedergeben.

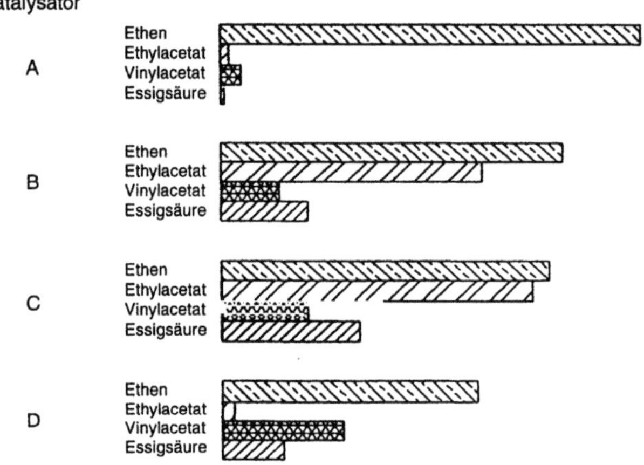

Abb. 61: Blockdiagramme einer Katalysatorprüfung

Die GC-Dampfraummethode erlaubt ferner, die einfache und schnelle Beurteilung der selektiven Sorptionsverhalten von Zeolithen (Molekularsiebe), die als selektive Sorbentien für Stofftrennungen und Reinigungsprozesse sowie als Katalysatoren erhebliche Bedeutung erlangt haben. Methoden zur Charakterisierung ihrer physikalischen Eigenschaften sind dabei unentbehrlich. So kann z.B. die Kenntnis über selektive Sorptionseigenschaften von Stoffen bestimmter Molekülgröße an einem Zeolithen Aufschluß über beabsichtigte Trennungen im analytischen oder präparativen Maßstab, über Möglichkeiten von Schad- und Fremdstoffbeseitigung oder über die Zugänglichkeit in das Zeolithinnere für katalytische Aufgaben geben. Hierfür ermöglicht die statische HSGC einen aussagekräftigen Schnelltest (118), der auf dem gleichen Meßprinzip beruht, wie durch Gleichung (23) beschrieben. In diesem Fall werden die vergleichenden Peakflächenmessungen mit zwei Stoffen verschiedener Molekülgrößen im Dampfraumgefäß unter völlig gleichen Versuchsbedingungen, analog Abb. 60, durchgeführt. Daraus resultieren analog Gleichung (23) Peakflächenverhältnisse, aus denen sich für die Praxis folgendes brauchbares Selektivitätsmaß (f_S) ergibt:

$$f_S(12) = \frac{\left(\dfrac{A_1''}{A_2''}\right)_{12Z}}{\left(\dfrac{A_1''}{A_2''}\right)_{12}} = \frac{Q_2}{Q_1} \qquad (29)$$

Hierbei bedeuten:

$$Q_1 = \left(\frac{A_1''}{A_2''}\right)_{12}$$

das Peakflächenverhältnis der Komponenten 1 und 2 im Dampfraum ohne Zeolith und

$$Q_2 = \left(\frac{A_1''}{A_2''}\right)_{12Z}$$

das Peakflächenverhältnis der Komponenten 1 und 2 im Dampfraum mit Zeolith (A_1'' ist die Peakfläche der zuerst eluierten Komponente).

Hat der Zeolith keine selektive Wirkung, dann resultiert ein f_S-Wert von 1.00. Ist $f_S > 1$, dann wird Stoff 2 gegenüber Stoff 1 selektiv sorbiert; ist das Verhältnis < 1, dann wird Stoff 1 bevorzugt sorbiert.

Durch Absolutmessung der Adsorption der Einzelkomponente im System gasförmig/ fest lassen sich ferner so – in echter Konkurrenz zu langwierigen BET-Messungen – auch Adsorptionsisotherme vermessen (119).

Eine andere diesbezügliche Anwendung der statischen HSGC ist die Charakterisierung des Sorptionsverhaltens von flüchtigen organischen Verbindungen an Biopolymeren, z.B. an der pflanzlichen Katikula, wie dies am Beispiel von Benzol demonstriert ist (119a).

Grundvoraussetzung dafür ist es, solche Messungen unter natürlichen Umweltbedingungen durchzuführen; die Gleichgewichtseinstellung für Sorption und Headspacesampling erfolgt daher bei 25 °C.

Steigende Katikulamengen führen dabei zu einer deutlichen Abnahme der Benzolkonzentration im Dampfraum. Durch Vergleich mit Referenzgläschen ohne Kutikeln kann man dabei die sorbierte Benzolmenge aus der Differenz bestimmen. Mit Hilfe dieser Technik lassen sich somit in analytisch schwer zugänglichen Bereichen sehr niedrige Lösungsmittelkonzentrationen und auf einfache Weise Sorptionsisothermen bestimmen.

Ein letztgenannter Anwendungsbereich für die statische HSGC sind vielseitige Charakterisierungsmöglichkeiten durch Fingerprintvergleiche von Dampfraumchromatogrammen. So lassen sich z.B. Kunststoffe in einfacher und schneller Weise auf ihre Beständigkeit gegen Wärme oder Chemikalien im Dampfraumgefäß, d.h. in situ, prüfen, wie das folgende Beispiel der Abb. 62 der HCl-Dampf-Einwirkung auf ein Polyacetylpolymeres zeigt:

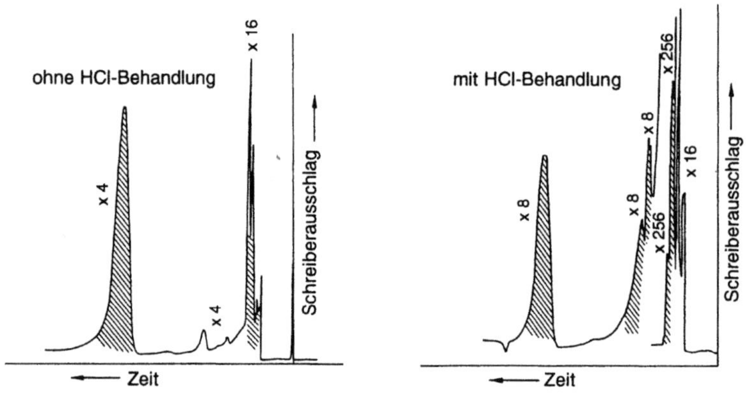

Abb. 62: Prüfung der Beständigkeit eines Polyacetalkunststoffes gegen Säuredämpfe

Auch in der Mikrobiologie und Medizin ist die Charakterisierung von Pilz- und Bakterienkulturen durch solche Fingerprintchromatogramme möglich. So bilden z.B. anaerobe Bakterien, je nach Nährbodenkultur verschiedene flüchtige Abbauprodukte. Unter standardisierten Bedingungen reproduzieren die verschiedenen Stämme ihre charakteristischen Muster so gut, daß dies zur Identifizierung und damit zur Diagnose von Infektionen verwendet werden kann (120) (121).

Auf gleiche Art ist das Verhältnis flüchtiger Fettsäuren bei der Bereitung von Käse mit dem Enzym Lysozym schnell und einfach charakterisierbar. So deutet z.B. das verstärkte Auftreten von Buttersäure auf Lochungsfehler und Verderben hin. So zeigt Abb. 63 einen Gouda- und Abb. 64 einen Tilsiter-Käse mit dem entsprechenden Fingerprint der vorhandenen Fettsäuren (122).

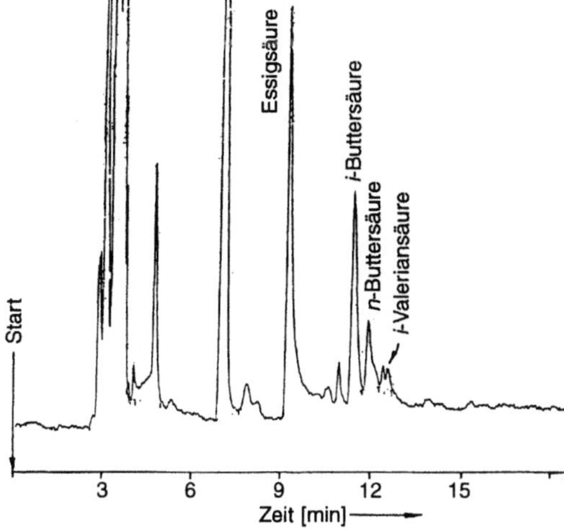

Abb. 63:
Fingerprintchromatogramm (Gouda-Käse)

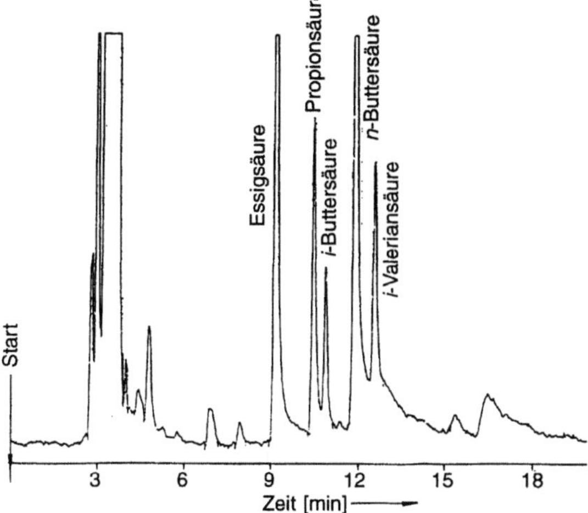

Abb. 64:
Fingerprintchromatogramm (Tilsiter-Käse)

Diese Technik erlaubt auch reaktionskinetische Messungen. So lassen sich z.B. Polymerisationsverläufe durch Messung der nicht umgesetzten Monomere im Dampfraum des Polymerisationskessels auf diese Weise charakterisieren, ohne eine aufwendige genaue Prozeßanalyse durchführen zu müssen (123).

Laborautomation von Gasanalysen durch die apparative Technik der statischen Methode

Die übliche Analytik von Gasen und Dämpfen ist einer Automation im Labor im allgemeinen schwer zugänglich. Der Grund liegt in der technischen Schwierigkeit, die hierbei verwendeten Gassammelröhren oder Gaspipetten (Gasmäuse) einer automatischen Probegabe zuzuführen sowie an der Temperierung dieser relativ großen Glasgefäße, wenn kein klimatisierter Analysenraum zur Verfügung steht. Wie im folgenden gezeigt wird, ist eine solche Analytik an kommerziellen Dampfraumanalysatoren durchführbar (124). Dabei werden die üblichen HS-Probeflaschen (20-25 ml Volumen) benutzt. Die Art der Füllung für Kalibrierung und Analyse erfolgt analog der schon lange aus der Gasanalytik bekannten Dosiermöglichkeit mit Hilfe von Unterdruck, der sogenannten Partialdruckdosierung (125), wie das in folgender Abb. 65 demonstriert ist.

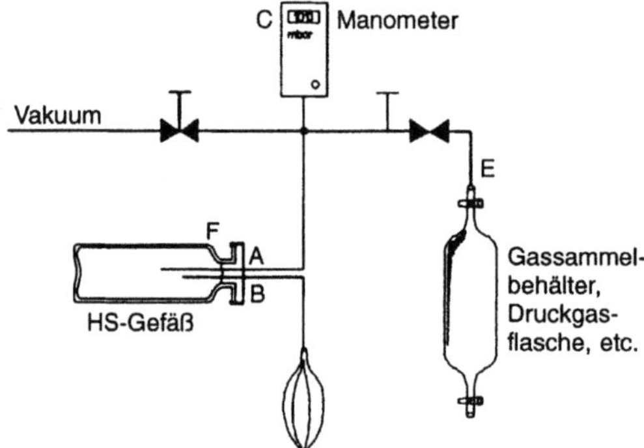

Abb. 65: Gasfüllvorrichtung für Head Space-Probeflasche

In Abb. 65 sind A und B 2 Injektionsnadeln, die durch das Septum F der Probeflasche eingeführt werden. Durch A erfolgt das Evakuieren sowie das Füllen mit Testmischungen und der Analysenprobe in das voll- oder teilweise evakuierte HS-Gefäß mit Hilfe des Manometers C. Injektionsnadel B ist aus Sicherheitsgründen gegen etwaigen Überdruck aus Testgasflaschen mit einer Scheiblerblase versehen. Wesentlich einfacher gestaltet sich das Füllen, wenn es sich um Proben der Umwelt- oder Raumluft handelt; hier genügt der Einstich in das evakuierte HS-Gefäß am Probeort (126).

Nach Temperieren im Probeteller der Dampfraumapparatur wird dann in bekannter Weise dosiert und analysiert. Folgende Tabelle 14 zeigt an Hand der Peakflächen die Reproduzierbarkeit der Füllmethode sowie die einer 10maligen Dosierung der gleichen Gasmischung bestehend aus:

25,0 -% [v/v] N_2; 13,8 % [v/v] C_2H_6;
14,4 -% [v/v]; C_2H_4; 8,8 -% [v/v]; C_3H_8; 18,1 -% [v/v]; C_3H_6;
10,6 -% [v/v]; C_4H_{10}; 9,3 -% [v/v] C_4H_8

Tabelle 14: Vergleich der Peakflächen einer Gasmischung aus 7 Komponenten

Chromato-gramm	N_2	C_2H_6	C_2H_4	C_3H_8	C_3H_6	C_4H_{10}	C_4H_8
	1	2	3	4	5	6	7
1	232	127	133	81,0	167	94,6	84,5
2	232	127	133	81,0	168	94,9	85,9
3	231	127	133	81,5	168	94,8	85,2
4	233	128	133	81,5	168	94,9	84,8
5	231	127	133	81,6	167	94,6	85,9
6	231	127	133	81,5	169	95,5	87,8
7	234	128	134	81,8	169	94,1	94,9
8	233	127	133	81,5	168	94,6	86,0
9	237	127	133	81,5	168	94,7	85,4
10	235	127	133	81,3	168	94,6	86,2
$\bar{x}$:	232	127	133	81,4	168	94,7	85,7
$\bar{s}$:	2,0	0,4	0,3	0,3	0,7	0,4	0,9
VK (%)	0,8	0,3	0,2	0,4	0,4	0,4	1,1

Die gefundenen Werte entsprechen im Hinblick auf die Standardabweichung (s) und den Variationskoeffizient (VK) durchaus den üblichen Fehlerbereichen der Gasanalytik (vgl. dazu Abb. 66).

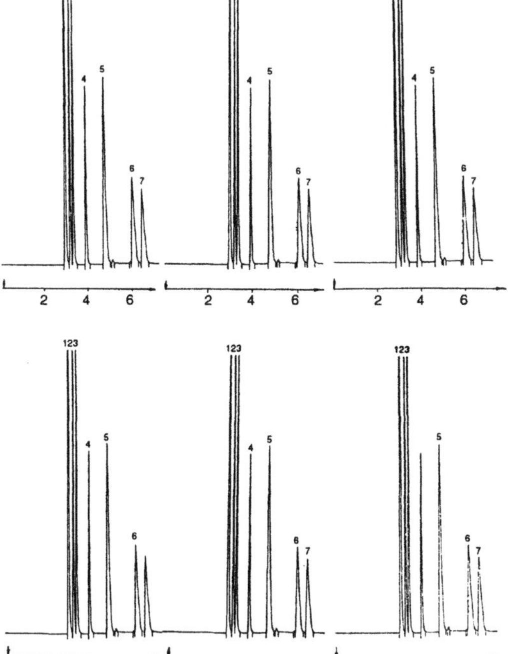

Abb. 66:
Vergleichende Gaschromatogramme – Werte der Tabelle 14

2 Die dynamische Methode

Wie bereits ausgeführt, sind Identifizierungen, z.B. durch GC/MS und Gehaltsbestimmungen in extrem niedrigen Spurenbereichen, in einem statischen abschlossenen System sowohl experimentiell begrenzt als auch matrixabhängig (vgl. Tab. 6).

Es wurden deshalb schon sehr früh Versuche zur Anreicherung von flüchtigen Stoffen aus dem Dampfraum unternommen. Bei einer Methode z.B. wird eine bestimmte Menge aus dem Dampfraum mit einer Spritze entnommen, wobei sich zwischen dieser und dem Probegefäß eine tiefgekühlte Kapillare bzw. ein Adsorptions- oder Verteilungschromatographisches Röhrchen befindet (132). Eine solche Anordnung zeigt Bild 67. Hierbei wird die Probe aus dem Dampfraum des Probegefäßes (1) mittels der Injektionsspritze in eine tiefgekühlte Kapillare (2) gesaugt. Die entnommene Menge ist durch das Spritzenvolumen meßbar.

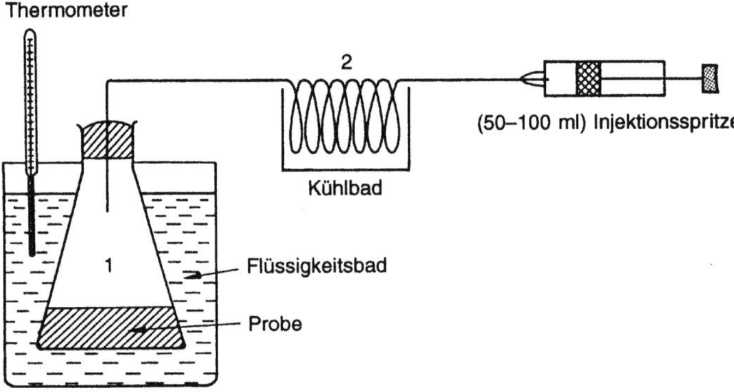

Abb. 67: Probenahme aus dem Dampfraum mit Anreicherung (nach SPRECHER et al., Z. Naturforsch. 18b, 495, [1964])

Die Überführung der angereicherten Komponente auf die gaschromatographische Trennsäule ist aus Bild 68 ersichtlich.

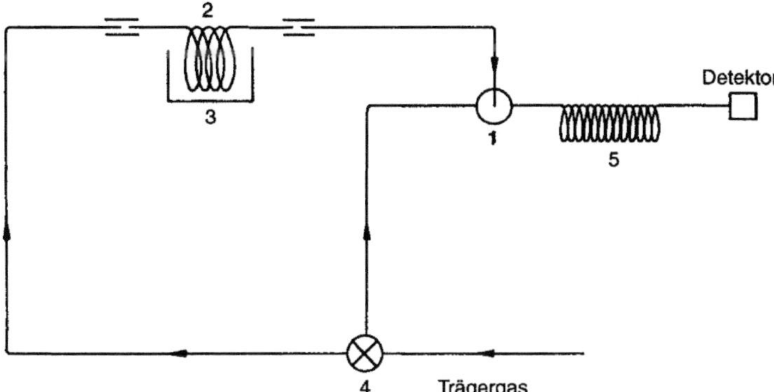

Abb. 68: Überführung der aus dem Dampfraum entnommenen Probe auf die gaschromatographische Trennsäule (nach E. SRECHER et al. Z. Naturforsch. 18b, 495 [1964] Abb. 2)

Die Kapillare 2 (vgl. Bild 68) wird an die Injektionsstelle 1 des Gaschromatographen über einen Mehrweghahn 4 so angeschlossen, daß der Inhalt der Kapillare mit dem Trägergas über 4 auf die Trennsäule 5 gespült werden kann. Mit dem Wärmebad 3 kann dabei die Kapillare geheizt werden.

Diese Überführung der Probe auf die Trennsäule kann auch über ein Gasprobeneinlaßteil erfolgen, das jedoch in diesem Fall beheizbar sein sollte. Diese Arbeitsweise (133) ist aus Bild 69 ersichtlich.

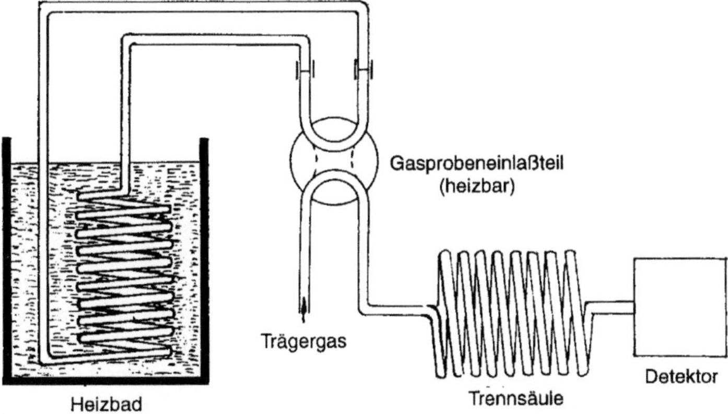

Abb. 69: Überführung einer in einer Kapillare angereicherten Dampfraumprobe auf die gaschromatographische Trennsäule mit Hilfe eines Gasprobeneinlaßteiles (nach F. DRAWERT et al., Chromatographia 2, 77, [1969])

Eine weitere diesbezügliche Technik besteht darin, die Injektionsspritze selbst als Dampfraumgefäß zu verwenden (134). In diesem Fall wird die Probe in eine 100 ml-Ganzglasspritze gegeben, wobei die Spitze nach oben zeigt. Nach dem Schütteln zur Einstellung des Gleichgewichtes wird an das obere Ende die gekühlte Kapillare angeschlossen und die Gasphase durch Aufwärtsbewegen des Spritzenkolbens in die Kapillare überführt. Diese Arbeitsweise ist aus Bild 70 ersichtlich.

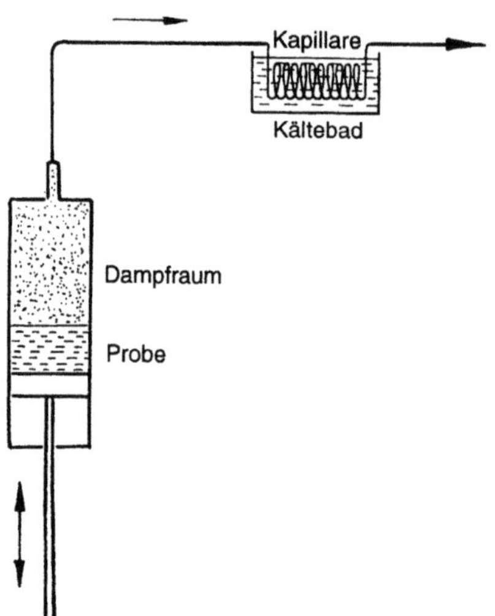

Abb. 70: Anreicherung von Dampfraumkomponenten mit einer Injektionsspritze

Die Überführung der angereicherten Stoffe auf die Trennsäule erfolgt anschließend nach den in den Abbildungen 68 und 69 aufgezeigten Methoden.

Die eigentliche Probeaufgabe ist auch in der Weise möglich, daß das beladene Röhrchen mittels einer Schraubverbindung direkt mit der Trennsäule verbunden wird und als Ganzes in den Gaschromatographen eingebaut wird (135). Diese Arbeitsweise ist jedoch umständlich und zeitraubend, da die Trennsäule vor jeder Probenahme zerlegt und wieder zusammengesetzt werden muß. Um dieses zu umgehen, kann man auch den Anfang der Trennsäule selbst als Anreicherungszone verwenden (136). Dabei wird das Probevolumen durch die Säule gepreßt, die zu bestimmenden Substanzen in einer schmalen Zone, nötigenfalls unter Kühlung konzentriert, die so beladene Trennsäule in den Gaschromatographen eingebaut und die Analyse im Zuge eines Temperaturprogrammes durchgeführt (137). Für diese Technik wurde die in Abb. 71 ersichtliche Apparatur entwickelt. Hierbei ist der Anfang der Trennsäule zu 3-5 cm mit unbelegten Glaskugeln (∅ 0,2 mm) gefüllt. Dadurch wird eine schmale Startzone auf dem eigentlichen Trennsäulenanfang erreicht. Das Aufbringen der dampfförmigen Komponenten erfolgt nicht durch Unterdruck am Trennsäulenende, sondern durch einen Inertgasstrom am Trennsäulenanfang.

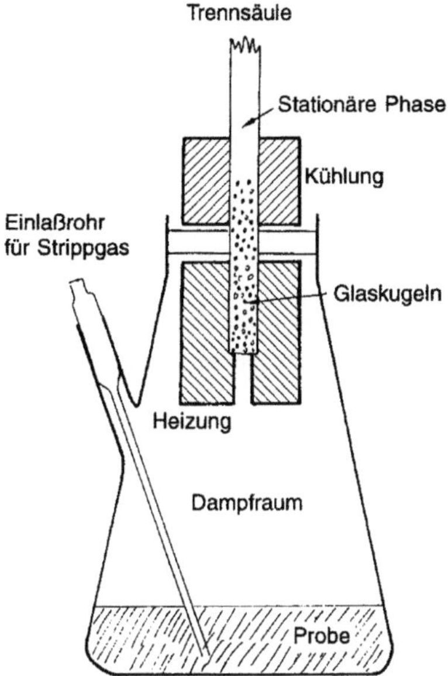

Abb. 71: Probenahme aus dem Dampfraum (nach BINDER, J. Chromatog. 25, 189, [1966] Fig. 1)

Aufbauend auf solchen Ideen und Praktiken hat sich die sog. **dynamische HSGC** entwickelt.

Dabei ermöglicht eine kontinuierliche Gasextraktion mit einem Inertgas – matrixunabhängig – praktisch unbegrenzte Anreicherungsmöglichkeiten flüchtiger Komponenten aus flüssigen oder festen Proben.

In Hinblick auf die praktische Durchführung gibt es dabei zwei Möglichkeiten (vgl. Abb. 72).

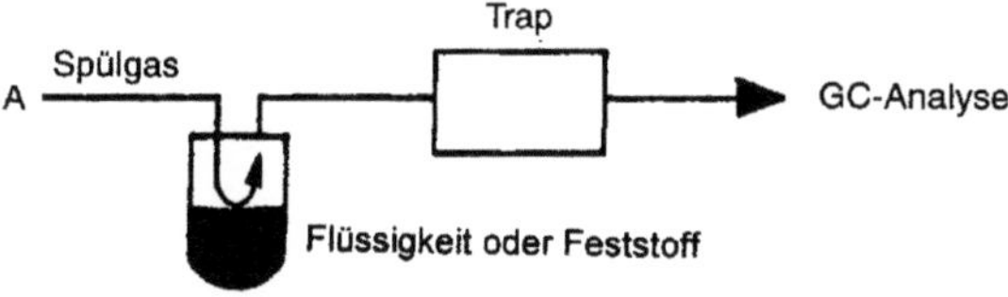

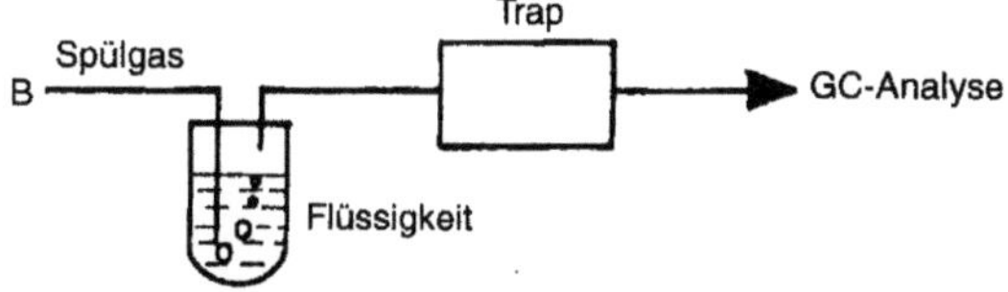

Abb. 72: Möglichkeiten der technischen Durchführung der dynamischen Methode

Bei Methode A wird die Gasextraktion kontinuierlich „über" der Probe, d.h. im „Kopf-raum" der Probe durchgeführt. Dieses Verfahren, das sowohl für feste als auch für flüssige Proben anwendbar ist, ist die konsequente Fortsetzung des MHE-Verfahrens der statischen Methode wobei sich die Konzentrationen der eluierten Komponenten ständig mit der Zeit vermindern, bis sie asymptotisch den Wert 0 erreichen. Der Name Headspace ist hier durchaus vertretbar, diese Methode ist deswegen als „dynamische HSGC" zu bezeichnen.

Methode B dagegen, wo die Gasextraktionen dadurch erreicht werden, daß man das Spülgas durch die zu untersuchende Probematrix leitet, verdient daher eher die Bezeichnung: purge, purge and trap oder Gasstripping-Methode (131).

Obwohl Methode B für die Praxis effektiver als die zeitraubende Methode A ist, sind ihr Grenzen gesetzt. So ist sie im allgemeinen nur auf flüssige Proben anwendbar, wobei im Fall wässeriger oder wasserhaltiger Proben (Abwasser, Nahrungsmittel, biologisches Material) Eisbildungen im Zwischenspeicher (Trap) das Ergebnis in Frage stellen können. Für manche Zielsetzungen ist auch die Circularmethode (138) zu empfehlen, wobei die Methode A oder B in einem abgeschlossenen System betrieben werden, d. h. das Spülgas wird durch eine Pumpe ständig in einem Kreislauf bewegt, in dem sich auch die Probe befindet (wie Abb. 73 zeigt). Insbesondere die quantitative Spurenanalyse ist hier in jeder Hinsicht besser überschaubar, so daß die Qualität der entsprechenden Analysenergebnisse denen der stati-schen Methode gleichzusetzen ist.

Gegenüber der Arbeitsweise des Durchströmens hat diese Circularmethode ferner noch den Vorteil, daß die Kontamination etwaiger Verunreinigungen aus dem Spülgas vernach-lässigbar klein bleibt.

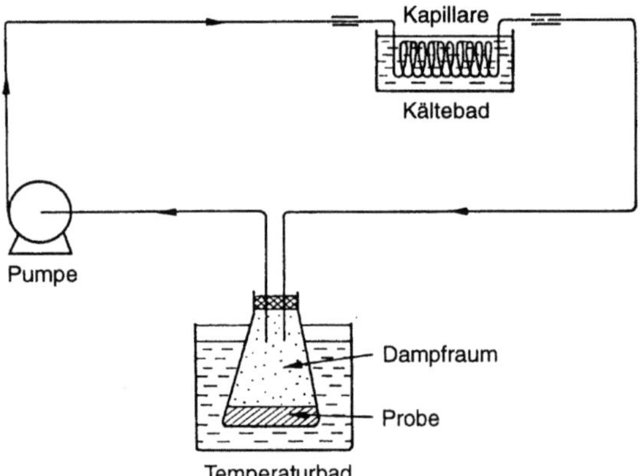

Abb. 73: Cirkularmethode zur Anreicherung von Dampfraumkomponenten

Alle Anreicherungstechniken bergen jedoch, besonders im Hinblick auf die quantitative Analyse, Fehlerquellen und Schwierigkeiten, die aus auftretenden Fraktionierungen resul-tieren können. Wenn man von Azeotropen absieht, treten bei diesen Anreicherungsschritten naturgemäß immer erst die leichtflüchtigen und später die schwerflüchtigen Komponenten auf, wobei die relativen Flüchtigkeiten zusätzlich noch vom Lösungsmittel bestimmt werden. Genaue quantitative Analysen sind aufgrund dieser Probenahmen sehr erschwert, ja in vielen Fällen gar nicht möglich (138).

Schwierigkeiten bei Anreicherung werden oft auch durch relativ große Mengen Wasser verursacht. Dies kann man zum Teil umgehen, indem man beim Anreicherungsvorgang das Wasser durch Kühlfallen bzw. Trockenmittel selektiv entfernt oder hydrophobe Polymere in der Anreicherungssäule verwendet (139) (149). Für den eigentlichen Anreicherungsschritt kommen die folgenden Methoden in Frage.

Das Sammeln (trapping) der eluierten Stoffe kann durch einfaches Ausfrieren (Kühlfalle) oder adsorptiv durch geeignete Adsorbentien geschehen.

Die Desorption erfolgt im Fall von Tenax®, Chromosorb® oder Porapak® durch Ausheizen, bei Aktivkohle verwendet man besser, aus bekannten Gründen, zur Verdrängung der adsorbierten Stoffe ein Lösungsmittel z.B. Benzylalkohol. Abgesehen davon, daß hierbei eine gesonderte GC-Analyse dieser Lösung erfolgen muß, bleibt dabei immer die jedem Spurenanalytiker bekannte Problematik der Reinheit des Lösungsmittels.

So haben beide Desorptionsmethoden Vor- und Nachteile, die auch darin bestehen, daß im Gegensatz zur flüssigen Verdrängung, bei der thermischen Desorption nur die gesamte Probe dosiert werden kann. Dabei werden zwar ausgezeichnete Empfindlichkeiten erzielt jedoch nur eine Analyse ermöglicht.

Eine besondere Technik die hier noch zu erwähnen ist, bietet die Phasengleichgewichtsmethode.

Dieses Anreicherungsprinzip, das bei polaren und höhersiedenden Stoffen verwendet wird, beruht darauf, daß eine geringe Menge verteilungschromatographischen Trennmaterials bei bestimmter Temperatur mit der dampfförmigen Probe beladen wird. Dabei stellt sich im Zuge eines frontalchromatographischen Prozesses das Gleichgewicht zwischen dampfförmiger und flüssiger Phase ein. Die Anreichung in der flüssigen J-Phase erfolgt direkt proportional der Grösse des entsprechenden Verteilungskoeffizienten. Auf dieser Basis fußt eine Methode (141) zur selektiven Anreicherung und Bestimmung von Luftverunreinigungen. Dabei wird die stationäre Phase in flüssiger Form so lange mit der verunreinigten Luftprobe gesättigt, bis sich das Gleichgewicht eingestellt hat. Anschließend erfolgt die Bestimmung der Komponenten mit HSGC.

Weitere Beispiele der dynamischen Methode werden später besprochen. Dabei wird gezeigt, daß die dynamische gegenüber der statischen Methode wegen ihrer Matrixunabhängigkeit bei schwierig zu handhabenden Matrices ihre Vorteile hat, insbesondere bei Komponenten mit geringer Flüchtigkeit sowie im Bereich kleinster Konzentrationen (μg/t-Bereich).

Nachteile der dynamischen Methode liegen zweifelsohne in längeren Analysenzeiten, weil alle flüchtigen Komponenten in den Zwischenspeicher übergeführt werden müssen, was ihre Verwendung für die quantitative automatisierte Routineanalytik wesentlich einschränkt (142). Ein weiterer schwacher Punkt gegenüber der statischen Methode für die quantitative Routinebestimmung von Spurenkomponenten dürften die jedem Analytiker bekannten Memory-Effekte bei der Desorption der flüchtigen Komponenten aus dem Zwischenspeicher sein und damit die richtige Wahl der Sorbentien. Zeitaufwendig sind ferner die notwendigen Versuche zur Bestimmung der Spülzeit, da von dieser die Konzentrationsverhältnisse (Peakverhältnisse) im Strippgas abhängen. So bevorzugt z. B. eine zu kurze Spülzeit die Überführung der leichtflüchtigen Komponenten (143). Für quantitative Analysen müssen daher die Durchbruchszeiten für jede zu analysierende Komponente bekannt sein, was mit relativ hohem Zeitaufwand durch Modellstudien ermittelt werden muß. Als Hilfsmittel hierfür kann folgende Gleichung (30) dienen (144).

$$t_{0,05} = 3 \, \frac{(V_G + K_i V_L)}{F} \, , \tag{30}$$

wobei $t_{0,05}$ die erforderliche Zeit bedeutet, um 95% einer flüchtigen gelösten Komponente i aus einer Probe zu extrahieren. Dieser Wert ist nach der Gleichung unabhängig vom Volumen des Spülgases (V_G), dem Verteilungskoeffizienten (K_i) zwischen Gas- und kondensierter Phase, dem Volumen der flüssigen Phase (V_L) und der Strömungsgeschwindigkeit des Spülgases (F). Daraus geht hervor, daß qualitative und quantitative Kalibrierungen wesentlich zeitaufwendiger und schwieriger durchführbar sind als in der statischen HSGC (149). Ein weiterer Vorteil der dynamischen Methode besteht auch in der Ortsungebundenheit, weil die Anreicherung mit einer „Trap" sehr einfach an jedem Ort möglich ist.

Ein anschauliches Beispiel hierfür ist die Untersuchung einer Brandstiftung, bei der die Probenahme vor Ort durch Anreicherung mit Tenax erfolgte (145). Abb. 74 zeigt dies, im Vergleich zur statischen Methode.

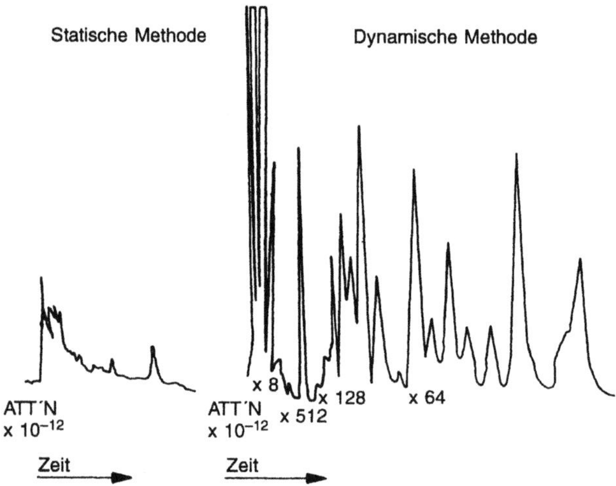

Abb. 74: Vergleich dynamischen mit statischen HSGC (nach R. Saferstein, Annual meeting of Society for forensic Sciences, Hamilton, 1981)

Ein weiteres Beispiel ist die Beurteilung der Expositionen von Gefahrstoffen in der Luft von Arbeitsplätzen wobei MAK-Werte (Maximale Arbeitsplatzkonzentrationen) TRK-Werte (Technische Richtkonzentrationen) und BAT-Werte (Biologische Arbeitsstofftoleranzwerte) zu ermitteln sind.

Dabei werden zunächst die Luftschadstoffe durch „aktives Sammeln" in Glas- oder Edelstahlröhrchen, die mit den verschiedensten Adsorbention verschiedener Korngröße gefüllt sind, angereichert. Dies geschieht z. B. im Fall von Alveolarluft mit Atemgasprobenehmern[*] (146). Als Adsorptionsfüllungen werden dabei verwendet:

---

* Typ BSC-!, Fa. Bodenseewerk Perkin Elmer u. Co GmbH, Überlingen, Bodensee

Tenax TA	für Alkohole, Ester, Ketone und andere Lösemittel,
XAD-4	für halogenierte Kohlenwasserstoffe, Anästetika, halogenierte Lösemittel, Vinylchlorid, EÖ,
Molekularsieb 5A	für N_2O, 1,3-Butadien

sowie Tenax GR, Carbosieve, Carbotrap für viele andere solcher Anwendungen.

Bei Substanzen mit niedrigen Retentionsvolumina ist hierbei die Kopplung mit einem 2. Adsorptionsröhrchen zu empfehlen.

Das Probesammeln kann auch „passiv" erfolgen. Dabei werden die Röhrchen mit Sammelkappen versehen und dem Probanden angesteckt oder in Räumen ausgelegt. Die eigentliche Probenahme erfolgt hierbei durch Diffusion. Die diffuse Probenahme basiert dabei auf dem 1. Fickschen Gesetz:

$$N = -DA\frac{dc}{dx}, \tag{31}$$

wobei:

N = Transportmenge pro Zeit [mol/sec],

D = Diffusionskoeffizienten in Luft [cm^2/sec],

A = Querschnitt des Diffusionsvorganges und

$-\frac{dc}{dx}$ = Konzentrationsgefälle in Diffusionsrichtung bedeuten.

Unter konstanten Bedingungen über die Länge der Diffusionszone L [cm] ist dann die gesammelte (absorbierte) Menge M [mol] während der Zeit t [sec] gegeben durch:

$$M = \frac{DA}{L}\,ct \tag{32}$$

Solche Passiv-Sammelverfahren haben sich z.B. bewährt für Lachgas in OP-Bereichen mit Molekularsieb 5 Å, halogenierte Anästetika mit XAD-4, Vinylchlorid und ÄO auf Carbosieve SII oder Tetrachlorethylen in Wohnräumen mit Tenax TA.

Die anschließende Desorption zur GC Analyse erfolgt hierbei, aus welcher Probenahmetechnik auch immer, thermisch[*], weil die **thermische Desorption** (147) gegenüber der Lösemitteldesorption mit Benzylalkohol (148) oder Schwefelkohlenstoff folgende Vorteile bietet:

I. Die Probenaufarbeitung durch den Analytiker, d. h. der Umgang mit Lösemittel entfällt, und damit das diesbezügliche Reinheitsproblem (Störpeaks).

II. Höhere Empfindlichkeiten für Identifizierungen und die quantitative Analyse können durch einen 2. Anreicherungsschritt mit der Desorptionseinheit erreicht werden.

III. Automationsmöglichkeit für höheren Probendurchsatz.

---

[*] Modell ATD 400, Fa. Bodenseewerk Perkin Elmer, Überlingen

Die quantitative Analyse nach der Thermodesorption basiert auf einer Kalibrierung die, mit entsprechenden Kalibrieratmosphären in den Röhrchen (Kalibrierröhrchen), verfügbar sind, bzw. auch selbst hergestellt werden. Zur Herstellung von solchen sogenannten Kalibrieratmosphären werden folgende Mischverfahren eingesetzt (147):

— Diffusionsmethode (Nelson, Controlled Test Atmospheres)

— Drehkükendosierer (VDI 3490, Blatt 7)

— Exponentialverdünner (Kolb u. Pospisil, Angew. Chrom. Heft 33, Bodenseewerk Perkin Elmer)

— Kontinuierliche Injektion (VDI 3490, Blatt 8)

— Kapillardosierer (VDI 3490, Blatt 10)

— Permeationsröhrchen (VDI 3490, Blatt 9)

Die beiden folgenden Chromatogramme zeigen eine solche Kalibrierung und die Analyse von Styrol in Atemluft.

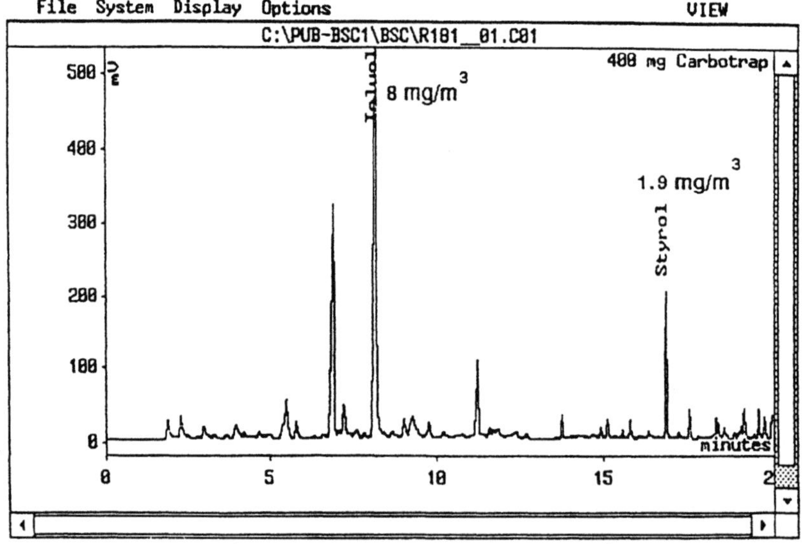

Abb. 75: Kalbrierung Styrol, gesammelt auf Carbotrap, 1,9 mg/ m^3 (Detektor FID) (nach M. TSCHICKARDT, Angew. Chrom. Nr. 48, [1989]), Bodenseewerk Perkin Elmer, Überlingen)

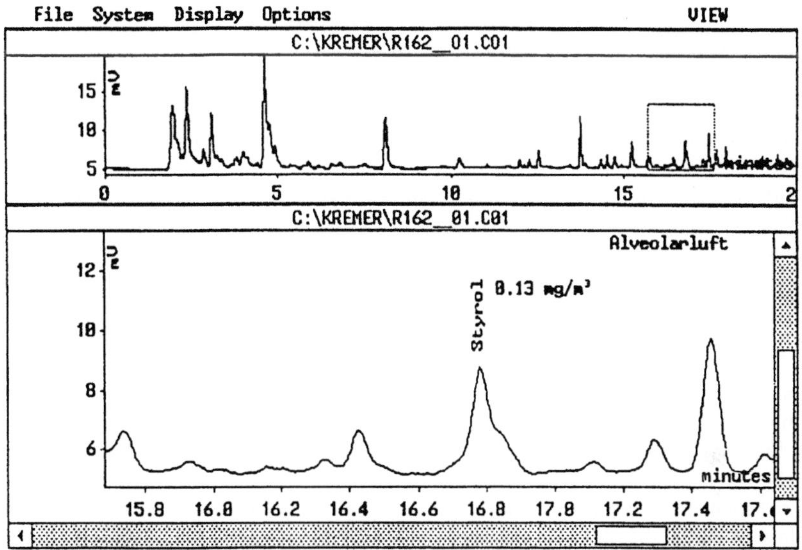

Abb. 76: Alveolarluftprobe auf Carbotrap (UP-Harz-Spritzen), ca. 0,2 mg/m³ (Detektor FID), nach M. TSCHICKARDT wie Bild 75

Diese beiden Beispiele aus der Praxis sind allerdings nach Definition keine HS-Analysen, sondern einfache Gasspurenanalyse mit Hilfe der dynamischen HS-Technik.

Viele andere Beispiele der dynamischen Methode (149), wobei man auch oft auf eine genaue quantitative Aussage verzichtet und sich mit sogenannten Fingerprints begnügt, sind hier noch anzuführen, wie z.B. die Charakterisierung von Aromastoffen in Tee, Kakao, Kaffee, Citrusfrüchten, Wein usw. Weitere Bespiele aus der Praxis sollen zeigen, daß die dynamische gegenüber der statischen Methode wegen ihrer Matrixunabhängigkeit bei schwierig zu handhabenden Matrices ihre Vorteile hat, so auch bei Komponenten mit geringer Flüchtigkeit und bei der Bestimmung kleinster Konzentrationen ([μg/t]-Bereich).

So werden 2,5-DM-Pyrazin, TM-Pyrazin und Tetramethylpyrazin in Kakaoröstgasen (150) und Diffusionskoeffizienten von Aromastoffen in Pfeffer untersucht (151). Die Anreicherung und Identifizierung von Geruchsstoffen über Mais in Konserven sowie in gefrorenem Zustand erfolgt nach ,,Trapping" mittels porösen Polymeren wie Porapak®, Chromosorb® oder Tenax®.

Viele weitere solcher Untersuchungen von flüchtigen Duft- und Geschmacksstoffen, wie z.B. von Vanille (153), Tee, Kakao und Kaffee (154), Citrusfrüchten (155), Bier (156), Sake und Metaboliten von Hefe [157], alkoholischen Getränken (158) wobei insbesondere die Charakterisierung von Weinaromen hervorzuheben ist (159), sind an dieser Stelle zu erwähnen. Vergleichende Untersuchungen flüchtiger Stoffe von Rindfleisch nach einer Lagerzeit von 6 Monaten, in gefrorenem Zustand (- 40 °C) sowie bei Raumtemperatur, geben interessante Hinweise auf die Lagerung in Tiefkühlschränken (161) (162).

Ebenso gibt die HSGC wertvolle Hilfestellung bei der Prüfung von getrockneten Lebensmitteln wie Kartoffeln, Karotten und Erbsen (163).

Eine weitere interessante Anwendung der dynamischen Methode ist die Verfolgung des Reifeprozesses bei Früchten. Dabei wird gefunden, daß die Ethylacetatkonzentration mit dem Reifeprozeß ansteigt, während die von Ethylen bereits vor der endgültigen Reife ihren Höhepunkt erreicht hat (165).

Über die Veränderung der Konzentrationen von trans-2-Hexenal und cis-3-Hexenol bei der dynamischen Probenahme über Teeblättern gibt eine weitere Arbeit Auskunft (166).

Durch Koppelung von GC mit anderen Analysenmethoden, wie GC-MS, GC-IR und LC-GC mit hochauflösenden Kapillarsäulen, werden die sehr komplexen Mischungen von Wein- und Bieraromen aufgetrennt, identifiziert und die Einzelkomponenten quantitativ bestimmt (167). Durch wiederholtes „Trapping" in Kombination von gepackten und Kapillarsäulen, sind dabei extrem kleine Gehalte bzw. Konzentrationen erreichbar (168) (169).

Eine Anwendung der Circularmethode in der dynamischen HSGC zur Bestimmung von flüchtigen Stoffen in Blumen, Blüten und Pflanzen erfolgt unter der Bezeichnung „Closed-Loop-Stripping" (170). Weiter zu erwähnen sind die interessanten Arbeiten über die Aromastoffe von Äpfeln und Erdbeeren während Reife- und Faulprozessen (171).

Bei Milch und Molkereiprodukten mit Aromagehalten in [μg/kg]-Bereichen ist die dynamische HSGC die Methode, um geringe Qualitätsunterschiede durch die Bestimmung von Sulfiden, Disulfiden, Aldehyden und Mercaptanen festzustellen (172).

Weitere Arbeiten sind z. B. die von flüchtigen Komponenten in Fruchtsäften (173) sowie die Charakterisierung von Kaffeearomen (174).

Schlußwort

Somit ist festzustellen, daß sich beide Methoden der HSGC zur Analyse flüchtiger Komponenten in kondensierten Phasen vorzüglich ergänzen; jede erfüllt ihren Zweck.

Die dynamischen relativ zeitaufwendigen Verfahren mit ihren jedoch nahezu unbegrenzten Anreicherungsmöglichkeiten dienen dabei vorwiegend Identifizierungszwecken, Fingerprintvergleichen sowie dem Nachweis und der Bestimmung von Spurenkomponenten in [μg/kg]- sowie [μg/t]-Bereichen. Sie sind matrixunabhängig und daher universell einsetzbar.

Für die quantitative Routineanalytik bekannter flüchtiger Stoffe ist und bleibt jedoch das statische Verfahren wegen seiner Genauigkeit, Schnelligkeit und Automationsmöglichkeit, wie dies an kommerziell verfügbaren Spezialgeräten verwirklicht ist, die Methode der Wahl. Sie wird in Zukunft, wie bereits einige Beispiele gezeigt haben, mit Hilfe massenselektiver Detektoren Bestimmungsgrenzen und auch solche Idendifizierungen im Spurenbereich ermöglichen, die bisher der dynamischen Methode vorbehalten waren. Eine Reihe weiterer Anwendungen der statischen Methode, wobei diese nicht als Analysen-, sondern als effektive und reproduzierbare Meßmethode in Forschung und Verfahrenstechnik dienen kann, soll zeigen, daß deren Möglichkeiten bei weitem noch nicht ausgereizt ist.

Anhang

A.1 Bibliographie

(nach Jahrgang geordnet)

1) G. J. DICKES, P. V. NICHOLAS, GC in Food Analysis, Butterworths, London - Boston (1976)

2) H. HACHENBERG, A. P. SCHMIDT, Gas Chromatographic Headspace Analysis, J. Wiley and Sones, Chichester, England (1977)

3) G. CHARALAMBOUS, Analysis of Food and Beverages, Headspace Techniques, Academic Press, New York, San Francisco, London (1978)

4) J. DROZD, J. NOVÁK, Headspace Gas Analysis by Gas Chromatography, J. Chromatogr., **165**, (1979), 141 - 165

5) B. KOLB, Applied Headspace Gas Chromatography, J. Wiley and Sons, Chichester, England (1980)

6) B. V. IOFFE, A. G. VITENBERG, Head-Space Analysis and Related Methods in Gas Chromatography, J. Wiley and Sons, Chichester, England (1984)

7) P. SCHREIER, Analysis of Volatiles, Walter de Gruyter, Berlin, New-York (1984)

8) B. KOLB, HSGC und Kapillar-Trennsäulen, Labor-Praxis (1986)

A.2 Legende zu den Formelgleichungen

i	beliebige Substanz
f_i	Kalibrierfaktor von i
A_i'	Signalgröße von i in der kondensierten Phase
A_i''	Signalgröße von i in der Dampfphase
A_{ST}''	Signalgröße der Bezugssubstanz (Standard) in der Dampfphase. Diese sollte bei der externen Standardmethode die reine Substanz i selbst sein. Bei der inneren Standardmethode dagegen ist eine fremde Substanz möglichst gleicher Polarität zu verwenden.
$A_{i(z)}''$	Signalgröße von i in der aufgestockten Probe (Dampfphase).
A_B''	Signalgröße einer beliebigen Komponente B in der Originalprobe (Dampfphase).
$A_{B(Z)}''$	Signalgröße einer beliebigen Komponente B in der aufgestocken Probe.
C_i	Gehalte bzw. Konzentrationen, z. B. in % [m/m] % [v/v] % [mol / mol] [g/l] etc.
C_{ST}	Gehalte bzw. Konzentrationen der Bezugssubstanz (Standard).
$\bar{c}_i$	Korrekturfaktor
p_i	Maß für die gasförmige Stoffportion von i in [hPa]
p_{oi}	Dampfdruck der reinen Komponente
p_P	Maß für die gasförmige Stoffportion der Probe
m_i	Masse i
$m_{i(z)}$	Eine zur Probe zugezogene Masse i (Aufstockung)
m_p	Masse der Probe
x_i	Molanteil einer Komponente i
γ_i	Aktivitätskoeffizient von i in einer Probenmatrix
K_i	Verteilungskoeffizient von i zwischen 2 Phasen
V_G	Volumen der Gasphase
V_L	Volumen der Flüssigphase
t	Zeit
F	Strömungsgeschwindigkeit des Spülgases
f_s	Selektibitätsmaß
S	Selektivität
β	Nutzeffekt
α	Trennfaktor

A.3 Literatur

(1)   R.G. Buttery, R. Teranishi, *Anal. Chem.*, **33**, 1439 (1961)

(2)   D.A.M. Mackay, D.A. Lang, M. Berdick, *Anal. Chem.*, **33**, 1369 (1961)

(3)   R. Bassette, S. Özeris, C.H. Withnah, *Anal. Chem.*, **34**, 1540 (1962)

(4)   R. Teranishi, R.G. Buttery, R.E. Lundin, *Anal. Chem.*, **34**, 1033 (1962)

(5)   G. Machata, *Blutalkohol* 4, 257 (1967)

(6)   H. Hachenberg, Industrial GC Trace Analysis, Heyden, London (1973)

(7)   V.G. Berezkin, V.S. Tartarinski, GC Analysis of Trace Impurities,
       Consultants Bureau, New York (1973)

(8)   S.G. Wyllie, S. Alves, M. Filsoof, W.G. Jennings, in G. Charalambous (ed) Analysis of foods
       and beverages, Acad. Press. NY. [1978] Seite 1

(9)   A.D. Culham, *Brauwissenschaft*, **22**, 257 (1969)

(10)   P. Ronkainen, *Kem. Teollismus*, **26**, 215, (1969)

(11)   H. Zenz, H. Klaushofer, *Mitt. Vers. Anst. Gär. Gew.* **22**, 175 (1968)

(12)   W. F. Cowen, W.J. Cooper, J.W. Higfill, *Anal. Chem.* **47**, 2483, (1975)

(13)   O. Horn, U. Schwenk, H. Hachenberg, *Brennstoffch.* **39**, 336 (1958)

(14)   H. Hachenberg, *J. of High Res. Chromatogr.* **12**, 742, (1989)

(15)   D. Jentsch, H. Krüger, G. Lebrecht, G. Dencks, J. Gut, *Z. Anal. Chem.*, **236**, 112, (1968)

(16)   H. Pauschmann, *Chromatographia*, **3**, 376, (1970)

(17)   G. Göke, *Chromatographia*, **5**, 622, (1972)

(18)   H. Binder, *Z. Anal. Chem.* **244**, 353, (1969)

(19)   F. Ratkovics, *Acta. Chim. Acad. Sci. Hung.* **49**, 71, (1966)

(20)   H. Miethke, *Deutsch. Lebensm. Rdsch.* **65**, 379, (1969)

(21)   H.G. Maier, *J. Chromatogr.* **50**, 329, (1970)

(22)   P.L. Davis, *J. Chromatogr.* Sci, **8**, 423, (1970)

(23)   H. Hachenberg Tips 41 GC, April 1970, Bodenseewerk Perkin-Elmer

(24)   B. Kolb, *CZ Chemie Technik* **1**, 88, (1972)

(25)   L. Rohrschneider, *Z. Anal. Chem.* **255**, 345, (1971)

(26)   Sebestyen, Privatmiteilung, Fa. Perkin-Elmer, Norwalk, USA (1975)

(27)   H, Hachenberg, A.P. Schmidt, GC Head Space Analysis, Seite 110, Gleichung 63,
       Wiley, England (1975)

(28)   M.S. Redstone, HSGC, Fa. Hewlett Packard, Part Nr. 5955-9092, 3, 85

(29)   B. Kolb, Angew. GC, Bodenseewerk Perkin Elmer (1981) Heft 38

(30)   H. Hachenberg, Industrial GC Trace Analysis, Heyden and Son Ltd. London (1973)

(31)   G. Kortüm, Lehrbuch der Elektrochemie, Verlag Chemie GmbH, Seite 191-194 (1957)

(32)   J. Eggert, Lehrbuch der physikalischen Chemie, Verlag Hirzel Stuttgart, Seite 633 (1960)

(33)   W.G. Jennings, *J. Food Sci,* **3**, 445 (1965)

(34)   H. Hachenberg, unveröffentl. Arbeit

(35)   D. Jentzsch, H. Krüger, G. Lebrecht, Angew. GC, Bodenseewerk Perkin-Elmer, Heft 10,
       (1967)

(36)   W. Stotzka, in, Applied HSGC ed by B. Kolb, Heyden, London, Seite 56, (1980)

(37)   H.J. Neu, W. Ziemer, W. Meerz, *Fresenius Z. Anal. Chem.* (1991)

(38)   W. Ziemer, *DANI Newsletter* 2/91, Seite 10

(39)   R. Eisenmann, GWF, 132, Nr. 1, 15-20 (1991)

(40) vgl. (30) Seite 36

(41) vgl. (30) Seite 9

(42) R. Basette, S. Özeris, C. H. Withbalt, *Anal. Chem.* **34**, 1540 (1962)

(43) V. Palo, *Chromatographia* **4**, 55, (1971)

(44) J. M. Mendelsohn, R.O. Brooke, *Food Technol.* **22**, 1162 (1968)

(45) J. Schulz, MSD Application note, Hewlett Packard GmbH Waldbronn **2** (1987)

(46) S. Özeris, R. Basette, *Anal. Chem.* **35**, 1091 (1963)

(47) R. Basette, S. Özeris, C.H. Witbah, *Anal. Chem.* **34**, 1540, (1962)

(48) R.E. Kepner, H. Maarse, J. Strating, *Anal. Chem.* **36**, 77, (1946)

(49) D. Jentsch, H. Krüger, G. Lebrecht, Angew. GC, Bodenseewerk Perkin-Elmer, **19** Heft 9, (1967)

(50) M. Gottauf, *Z. Anal. Chem.* **218**, 175 (1966)

(51) E.F. Corcoran, J.F. Corwin, D.B. Seba, *J. Am. Water Works Assoc.* **59**, 782, (1967)

(52) I. Ploder, *Dtsch. Lebensm. Rdsch.* **70**, 401, (1974)

(53) B. Mändel, F. Wullinger, W. Binder, A. Piendl, *Brauwissenschaft* **22**, 477, (1969)

(54) V.J. Jansen, G.B. Horn, *Am. Soc. of Brew. Chem.* 194 (1965)

(55) H. Zenz, H. Klaushofer, *Mitt. Vers. Anst. Gär. Gew.* (Wien) **22**, 175, (1968)

(56) G. Baron, B. Wagner, *Mschr. Brau* **24**, 123, (1971)

(57) B. Wagner, G. Baron, *Mschr. Brau* **24**, 225, (1971)

(58) A. Olsen, Wallersein, *Labs. Commun.* **33**, 19 (1970)

(59) D.R. Maule, *J. Inst. Brewing* **73**, 351, (1967)

(60) K.Grob, G. Grob, 6 th Int. Symp. on Adv. in Chromatographie, Miami Beach, June, 1970

(61) P.L. Davis, *Hort. Science* **4**, 117, (1969)

(62) B. Kolb, E. Wiedeking, B. Kempen, Angew. Chromatographie 1968, Bodenseewerk Perkin-Elmer, Heft 11-11E

(63) H. Hachenberg, Angw. Chromatographie 1975, Bodenseewerk Perkin-Elmer, Heft 25

(64) B.L. Glenn Denning, R.A. Harvey, *J. forensic. Sci.* **14**, 136, (1969)

(65) L. Goldbaum, Progress in Chemical Toxicology, Vol 1 ed. by A. Stohnan, NY, London, Academic Press 1963

(66) A.S. Curry, C. Hurst, N.R. Kent, H. Powell, *Nature* **195**, 603 (1962)

(67) G. Machata, *Microch. Acta* 262 (1964)

(68) G. Hauck, H.P. Terfloth, *Chromatographia* **2**, 309, (1969)

(69) J. Savory, F. W. Sundermann, N.O. Roszel, P. Mushak, *Clin. Chem.* **14**, 132, (1968)

(70) B.B. Goldwell et al., *Clin. Toxicol.* **4**, 99, (1971)

(71) G. Duritz, E.B. Truitt, *Quart. J. Studies Alcohol* **25**, 498 (1965)

(72) S. Natelson et al., *Microchem. J.* **9**, 245, (1965)

(73) L.R. Goldbaum et al., *Forensic Sci.* **9**, 63, (1964)

(74) J.E. Wallace, E.V. Dahl, *Am. J. clin. Path.* **48**, 152, (1966)

(75) R. Basette, B.L. Glendenning, *Microch. J.* **13**, 374, (1968)

(76) B.L. Glendenning, R.A. Harvey, *J. forensic Sci.* **14**, 136, (1969)

(77) G.R. Kinsley et al., *J. Labor Clin. Med.* **35**, 294, (1950)

(78) H.A. Heise, *Am. J. clin. Path.* **4**, 182, (1934)

(79) M.L. Lucky, *Forensic Sci.* **16**, 120, (1971)

(80) P.K. Wilkinson et al., *Anal. Chem.* **47**, 1506, (1975)

(81) G. Göke, *Blutalkohol* **10**, 281, (1973)

(82)   C. Petranek, Wiss. Z. Humboldt-Univ. Berlin 668 (1966)

(83)   F. Rieders, GC Analysis in Toxicology by H.S. Kroman and S.R. Bender, Grune and Stratton, NY, London Seite 266 (1968)

(84)   G.J. van Steklenburg et al., *Clinica. chim. Acta* **28**, 233, (1970)

(85)   T.G. Field Jr. et al., *Anal. Chem.* **38**, 628, (1966)

(86)   R. Basette et al., *J. Food Sci.* **28**, 84, (1962)

(87)   N.R. Sundararajan et al., *J. Dairy Sci.* **51**, 1169

(88)   W. Pfab et al., *Z. Anal. Chem.* **195**, 37, (1963)

(89)   L. Rohrschneider, *Z. Anal. Chem.* **255**, 345 (1971)

(90)   H. Puschmann, *Angew. Makromol. Chem.* **47**, 29 (1957)

(91)   M. DOhrmehl u. B. Kolb, Colloqium für die GC Dampfraumanalyse, Bodenseewerk Perkin-Elmer, 20-21 Oktober 1975

(92)   J.B. Van Librop, Colloqium für die GC Dampfraumanalyse, Bodenseewerk Perkin-Elmer, 20-21 Oktober 1975

(93)   L.Narziss et al., *Brauwissenschaft* **23**, 289 (1970)

(94)   P. Hautke et al., *Wallerstein Labs. Commun.* **33**, 89, (1970)

(95)   B. Wagner, *Mschr. Brau.* **24**, 285 (1971)

(96)   E. Sprecher, K.H. Strackenbrock, *Z. Naturf.* **18b**, 495, (1964)

(97)   R. Teranishi et al., *Anal. Chem.* **34**, 1033, (1962)

(98)   F. Drawert et al., *Chromatographia* **2**, 77, (1969)

(99)   R.J. Romani, L. Ku, *J. Food Sci.* **31**, 558, (1966)

(100) D.S. Brown et al., *Proc. Amer. Soc. Hort. Sci.* **88**, 98, (1966)

(101) R.G. Buttery et al., *Anal. Chem.* **33**, 1439, (1961)

(102) L. Gasco et al., *J. Chromatogr. Sci.* **7**, 228, (1969)

(103) C. Weurman, *Food Technol. 531*, (1961)

(104) S.D. Bailey et al., *J. Food Sci.* **26**, 2 (1961)

(105) J.C. Miers, *J. agric. Fd. Chem.* **14**, 149, (1966)

(106) A.P. Swain et al., *J. Sci. Food Agric.* **17**, 349, (1966)

(107) J. Welby et al., *Ann. pharm. franc* **28**, 623, (1970)

(108) D.A.M. Mackay et al., *Anal. Chem.* **33**, 1369, (1961)

(109) B. Kolb, Bodenseewerk Perkin-Elmer (1977)

(110) L. Breitenhuber et al., *Mh. Chem.* 861, (1969)

(111) B. Kolb, in Applied HSGC ed. by Kolb, Heyden (1986) Seite 4

(112) vgl. (27) Seite 111, Gleichung 64

(113) L. Rohrschneider, *Fortschr. Chem. Forsch.* **11**, 146, (1968/69)

(114) L. Rohrschneider, *Anal. Chem.* **45**, 1241, (1973)

(115) vgl. (27), Seite 17

(116) H. Hachenberg, A.P. Schmidt, *Verfahrenstechnik* (8) **12**, 343, (1974)

(117) H. Röck, *Chem. Ing. Techn.* **28**, 489, (1956)

(118) H. Hachenberg et al., Erdöl und Kohle - Erdgas, Petrochemie **36**, 418, (1983)

(119) B. Kolb, Applied HSGC, Heyden, London Seite 6 (1980)

(119a)K. Matzke, Dani Newsletter 2 (1991) Seite 5

(120) A. Taylor, in Applied HSCG ed. by B. Kolb, Heyden London, (1980) Seite 140

(121) B. Kolb, HSGC mit Kapillarsäulen, Labor Praxis (1986) Seite 33

(122) H. Hachenberg, unveröff. Versuche

(123) Europäisches Patent 0066166

(124) H, Hachenberg, unveröff. Arbeit

(125) O. Horn, U. Schwenk, H. Hachenberg, *Brennstoffchem.* **39**, 336, (1958)

(126) B. Kolb, HSGC mit Kapillarsäulen, Labor Praxis (1986) Seite 34

(127) V. Ioffe, A.G. Wieberg, Headspace Analysis and Related Methods in GC, Wiley and Sons (1984) Seite 244

(128) vgl. (127) Seite 247

(129) vgl. (127) Seite 256

(130) H. Hachenberg, E. Frost, Labo, März 1987

(131) R. Dooper, Chrompack News, Vol 11 no 5D (1984)

(132) E. Sprecher et al., *Z. Naturf.* **18b**, 495 (1964)

(133) F. Drawert et al., *Chromatographia* **2**, 77, (1969)

(134) M. Gottauf, *Z. Anal. Chem.* **218**, 175, (1966)

(135) I. Hornstein et al., *Anal. Chem.* **34**, 1355, (1962)

(136) M.E. Morgan, E.A. Day, *J. Dairy Sci.* **48**, 1382, (1965)

(137) M. Binder, *J. Chromatog.* **25**, 189, (1966)

(138) W.W. Nawar et al., *Food Technol.* **16**, 107, (1962)

(139) J. Andersson et al., 160th Nath. Mtg. ACS, Chikago I, 11 Sept. 1970 Prog. Abst. No AGFD-4

(140) A Dravniers et al., 160th Nath. Mtg. ACS, Chikago I, 11 Sept. 1970 Prog. Abst. No AGFD-2

(141) A.G. Vitenberg et al., *Chromatographia* **7**, 610, (1974)

(142) E.D. Dietz et al., *Anal. Chem.* **51**, 1809, (1979)

(143) S.G. Wyllie et al., Analysis of foods and beverages, Acad. Press ed. G. Charalambous (1978) Seite 1

(144) J. Drozd et al., *J. Chromatog.* **165**, 145, (1979)

(145) R. Saferstein, Annual meeting of the Canadian Society for forensic Sciences, Halmilton, Ontario, Kanada 1981

(146) M. Tschickardt, R. Petersen, Angew. Chrom. No 51 (1990), Bodenseewerk Perkin-Elmer, Überlingen

(147) M. Tschickardt, Angew. Chrom. No 48 (1989), Bodenseewerk Perkin-Elmer, Überlingen

(148) B. Kolb, P. Posposil, Angew. Chrom. No 33 (1987), Bodenseewerk Perkin-Elmer, Überlingen

(149) S. G. Wyllie et al. in: Analysis of Foods and Beverages, Headspace Techniques ed G. Charalambous, Academic Press, 1978, Seite 1-15

(150) H. Haarse et al., vgl. (149) Seite 17-35

(151) Z. Saleeb et al., vgl. (149) Seite 37-56

(152) A. Boyko et al., vgl. (149) Seite 57 - 79

(153) I. Kimes et al., vgl. (149) Seite 95-114

(154) G. Vitzthum et al., vgl. (149) Seite 115-133

(155) E.D. Lund et al., vgl. (149) Seite 135-185

(156) J.T. Hoff et al., vgl. (149) Seite 187-201

(157) H. Akiyama et al., vgl. (149) Seite 229-248

(158) R.ter Heide et al., vgl. (149) Seite 249-281

(159) A.C. Noble, vgl. (149) Seite 203-228

(160) D.A.M. Mackay et al., vgl. (149) Seite 283-357

(161) A. Sandoval et al., *J. Ass. off. Anal. Chem.* **51**, 1210, (1968)

(162) M. El-Charbani et al., *J. Food. Sci* **30**, 814, (1965)

(163) R.G. Buttery et al., *J. Agric. Food Chem.* **11,** 504, (1063)

(164) J.M. Mendelsohn, *J. Food. Sci* **31,** 389, (1966)

(165) R.J. Romani et al., *J. Food. Sci* **31,** 558, (1966)

(166) K. Hatanka, Koryo, 117, 23-31 (1977)

(167) G. Schomburg et al. in Analysis of Volatiles, ed. P. Schreier, Walter de Gruyter (1984) 121

(168) S. Nitz et al., vgl. (167) Seite 151 - 169

(169) M. Oreans et al., vgl. (167) Seite 171 - 182

(170) W. Boland et al., vgl. (167) Seite 371 - 380

(171) P. Dirinck et al., vgl. (167) Seite 381 - 399

(172) H.T. Badings et al., vgl. (167) Seite 401 - 417

(173) S. Adam, vgl. (167) Seite 419 - 431

(174) R. Liardon et al., vgl. (167) Seite 447

Index